KB040935

EBS 대표강사 이유진 선생님이 알려주는

중학과학 개념 레시피

생명과학 · 지구과학

EBS 대표강사 이유진 선생님이 알려주는

중학과학 개념 레시피

생명과학 · 지구과학

이유진 지음

| 프롤로그 |

과학, 어떻게 하면 잘할 수 있을까?

"선생님! 과학은 어떻게 하면 잘할 수 있나요?" 과학 교사인 제가 가장 많이 듣는 질문이에요. 정말 과학을 잘하려면 어떻게 해야 할까요? 곰곰이 생각해 봐도 모든 학생에게 딱 "이 방법이에요."라고 일러줄 수 있는 정답은 없어요. 왜냐하면 과학에 대한 개개인의 흥미도 다르고 적성도 다르고, 학습 능력이나 주변 환경 등이 모두 다르기 때문이에요.

비록 정해진 답은 없지만, 잘하려는 의지와 노력이 함께한다면 과학이라는 정상에 빠르게 다다를 수 있는 지름길은 있어요. 바로 개념 원리 이해, 내용 암기, 문제 풀이로 압축해 볼 수 있어요. 이때 가장 중요한 것이 과학에 나오는 기본 개념과 원리를 익히는 과정이에요.

아마 중학생이 되면서 과학책을 넘기다 보면 용어도 어렵고 낯선 원리도 나오고 머리가 복잡해질 거예요. 우리 친구들이 교과서만으로 개념과 원리를 깨우치기는 참 어려워요. 그리고 중요한 핵심 개념을 찾아내기도 어렵고요. 중학교 과학은 고등학교 과학의 기초를 닦는 과정이기도 해서 초등학교 때 배운 과학보다 내용의 깊이도 있고, 배워야 할 개념도 많기 때문이지요.

과학 개념을 잘 익히고 이해하기 위해서는 학교 수업은 물론이고, EBS 강의, 좋은 참고서적을 잘 활용해야 해요. 그리고 무엇보다 자신에게 맞는 과학 공부의 첫 단추가 되는 교재를 잘 선택하는 것이 중요하죠. 그래서 준비한 책이 "중학과학 개념 레시피"랍니다.

저는 학교 현장과 EBS 강의를 통해서 정말 많은 학생들을 만나고 있는데, 수업을 진행할 때 가장 보람을 느꼈던 순간은 과학만 생각하면 얼굴이 굳어졌던 학생들이 과학의 원리를 깨우치고 흥미를 가지게 되면서 성적이 오를 때예요. 학생들이 'why?'라는 궁금증을 가지고 과학 내용을 더 깊이 알아가려고 할 때 선생님으로서 정말 행복을 느끼죠.

제 강의가 학생들에게 어떠한 변화를 일으켰는지 많은 제자들과 수강생들에게 피드백을 받아봤었지요. 그 결과 과학 개념을 익힐 때, 주변의 소품이나 흥미로운 실험, 생활 소재를 이용한 이야기 형식의 설명 덕분에 과학이 쉽게 이해되고 재미있었다는 답변이 많았어요.

그래서 이러한 내용을 더 많은 학생들과 공유하고 싶은 마음이 들어 이 책을 집필하게 되었어요. 많은 학생들이 과학 개념 이해의 어려움을 빠르게 극복하고, 과학을 잘할 수 있는 지름길에 도달할 수 있도록 저의 오랜 경험과 노하우를 모두 담아 "중학과학 개념 레시피"를 완성했어요.

이 책이 과학이라는 낯선 곳으로 향하는 여러분의 발걸음을 가볍게 도와줄 거예요.

과학나라 여행 친구!

제가 처음 스페인이라는 나라를 여행했을 때의 기억이 나요. 낯선 나라에 대한 두려움이 있어서 여행 가이드를 동행하는 패키지여행을 갔었어요. 패키지여행에서는 주로 그곳의 역사적인 미술관과 성당 등을 돌아보았어요.

여행 가이드의 도움을 받아서 짧은 시간 안에 다양한 곳을 체험하고 그곳의 문화를 깊이 있게 이해할 수 있는 좋은 경험이었지요. 그리고 다음에는 혼자서 여행을 계획할 수 있는 자신감도 생기고 여행지를 어떻게 이해하고 돌아보아야 하는지에 대한 요령도 생겼어요.

바로 "중학과학 개념 레시피"가 낯설고 두려운 과학이라는 나라를 잘 여행할 수 있게 하고, 앞으로 새롭게 만나게 되는 고등과학, 대학과학이라는 낯선 나라를 혼자서도 여행할 수 있게 하는 여행 가이드라고 생각하고 활용하면 좋겠어요.

중학생 누구나 이 책을 처음부터 끝까지 먼저 읽어 보고 과학 공부를 시작해도 좋아요. 또는 교과서로 공부하다가 잘 이해되지 않고 어렵게 느껴지는 부분에 해당하는 내용을 찾아 읽어 보고 도움을 받아도 좋겠어요.

이 책은 중학교 1, 2, 3학년의 과학 내용 중에서 생명과학과 지구과학 분야의 내용을 우리 생활 속 소재와 다양한 상황에 비유하면서 쉽게 이해할 수 있도록 스토리텔링 형식으로 구성했어요.

그리고 각 강의마다 중학교 과학 단원의 어디에 해당하는지를 표시하여 여러분들이 필요한 부분을 찾아서 바로바로 공부하기에 쉬울 거예요. 특히 궁금할 수 있는 내용은 '과학 선생님 질문' 코너에서 따로 다루고 있으니 비상약처럼 활용해도 도움이 될 거예요.

과학의 원리를 깨우친 순간, 기쁨에 겨워 목욕탕에서 '유레카'라고 뛰쳐 나와 환호했던 고대 과학자 아르키메데스처럼, 여러분도 이 책을 통해서 깨우친 과학 원리로 중학교 과학 공부가 신나고 재미있는 여행처럼 느껴지기를 간절히 바라면서 모든 학생들에게 축복의 마음을 전합니다.

EBS 중학 대표강사 이유진

중학과학, 맛있게 읽는 법

이 책은 중학교 과학 교육과정을 과학 개념에 맞게 통합하여 생명과학&지구과학의 '핵심 키워드'로 정리하였어요. 다음과 같이 읽으면 어렵던 중학과학이 아주 맛있게 이해될 거예요.

1. 차근차근 하루에 한 개념씩!

우리 친구들, 책 한 권을 사면 꼭 그 자리에서 다 읽어야 한다는 부담을 가지고 있나요? 우리 그러지 말고 하루에 한 개념씩 차근차근 읽어요. 하루에 하나씩 알아가는 과학 지식이 머릿속에 더 콕콕 새겨질 거예요.

2. 학교에서 배운 과학, 중학과학 개념 레시피로 한번 더 쓰윽~

모든 학습의 완성은 복습이에요. "오늘은 꼭! 자기 전에 복습해야지!" 하고 마음 먹지만 실천이 잘 안 되죠? 오늘 학교에서 배운 과학 개념을 중학과학 개념 레시피에서 찾아, 가벼운 마음으로 읽기만 해도 완전한 복습이 될 거예요!

3. 재밌게 읽고 즐겁게 탐구해요.

선생님이 옆에서 설명해 주듯이 친절하고 재미있게 과학 개념을 풀어 썼어요. 또, 우리 친구들이 궁금해 하는 질문들을 뽑아 댓글 형식으로 답을 해주고, 핵심 탐구 과정을 선생님의 친절한 설명과 함께 이해할 수 있도록 꾸몄어요.

개념을 잡는 핵심키워드

17 기권의 층상 구조

기권을 구성하는 사총사의 매력!

지구에는 공기가 있고, 이러한 공기가 지구를 둘러싸고 있어요. 공기는 지구 전체에서 보면 아주 많은 양이므로, '큰 공기덩어리'라는 뜻인 '대기'라고 불러요. 지구를 구성하는 요소 중에 대기가 차지하는 공간은 얼마나 될까요?

쉽고 친절한 EBS 선생님의 명강의

대기의 구성

우리를 둘러싸고 있는 대기는 여러 가지 기체가 혼합되어 있어요. 먼저, 우리가 숨 쉴 때 필요한 산소가 있겠지요? 그런데 산소보다 더 많은 부피를 차지하는 기체가 있어요. 바로 질소예요. 질소는 대기 속에 약 78 %를 차지하고 산소는 그 다음으로 21 % 정도를 차지해요. 나머지 1 % 정도의 소량으로 아르곤, 이산화 탄소 등의 기체들이 섞여 있어요. 이러한 대기는 지구 표면에서부터 위로 대략 1000 km까지 분포하고 있어요.

▲ 지구 대기 구성 성분

과학 선생님 @Earth science

Q. 기체는 막 날아다니는데, 대기는 어떻게 지구 밖으로 안 날아가는 거죠?

그 이유는 지구의 중력 때문이에요. 중력은 지구 중심에서 멀어질수록 작아지므로, 지구 대기의 대부분은 지표 근처에 분포하고 있어요. 위로 올라갈수록 지구 중력의 영향을 덜 받으므로 위로 올라갈수록 대기는 희박해져요.

#지구의_대기를 #붙잡는 #그것은 #중력 #공기도_벗어날_수_없어

선생님의 SNS Q&A

학교에서 배운 과학,
중학과학 개념 레시피로 한번 더 쓰윽~

그림과 함께
이해가 쏙쏙!

이다'와 같이 겉으로 드러나는 생물의 형질을 **표현형**이라고 하고, 표현형을 결정하는 유전자를 기호로 표시한 것을 **유전자형**이라고 해요.

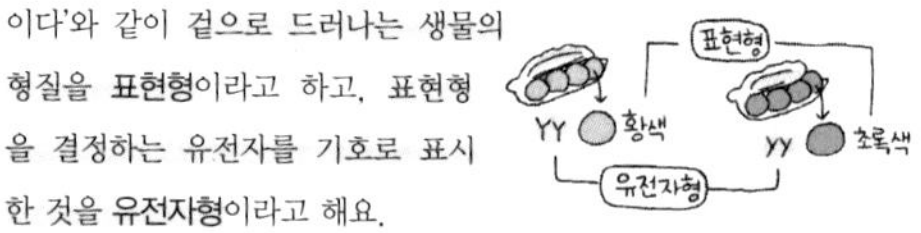

▲ 표현형과 유전자형

유전자는 눈으로 볼 수 없으므로 유전자형은 알파벳 기호를 이용하여 2개의 문자로 표시해요. 그 이유는 형질을 나타내는 유전자를 부모로부터 각각 한 개씩 받아 상동 염색체를 이루면서 대립 형질을 가진 대립 유전자가 서로 쌍으로 존재하기 때문이에요. 일반적으로 우성 유전자는 대문자로, 열성 유전자는 소문자로 나타내지요.

예를 들어, 완두 모양에서 우성인 둥근 유전자는 R, 열성인 주름진 유전자는 r로 나타내요. 즉, 순종인 둥근 완두의 유전자형은 RR, 순종인 주름진 완두 유전자형은 rr, 잡종인 둥근 완두의 유전자형은 Rr로 나타내요. 따라서 표현형으로는 둥근 완두이지만 우성이냐 열성이냐에 따라서 유전자형은 RR, Rr의 두 종류로 나타나요.

유전자형과 표현형
- 표현형이 둥근 완두의 유전자형: RR, Rr
- 표현형이 주름진 완두의 유전자형: rr

우성 유전자와 열성 유전자가 함께 있으면 우성 유전자의 형질이 표현돼!

개념체크

1 하나의 형질에 대해서 뚜렷이 구별되는 형질은?
2 순종의 대립 형질을 가진 어버이를 타가 수분시켜 얻은 개체를 일컫는 말은?

답 1. 대립 형질 2. 잡종

개념은 바로바로 체크

선생님과 함께하는
탐구스타그램

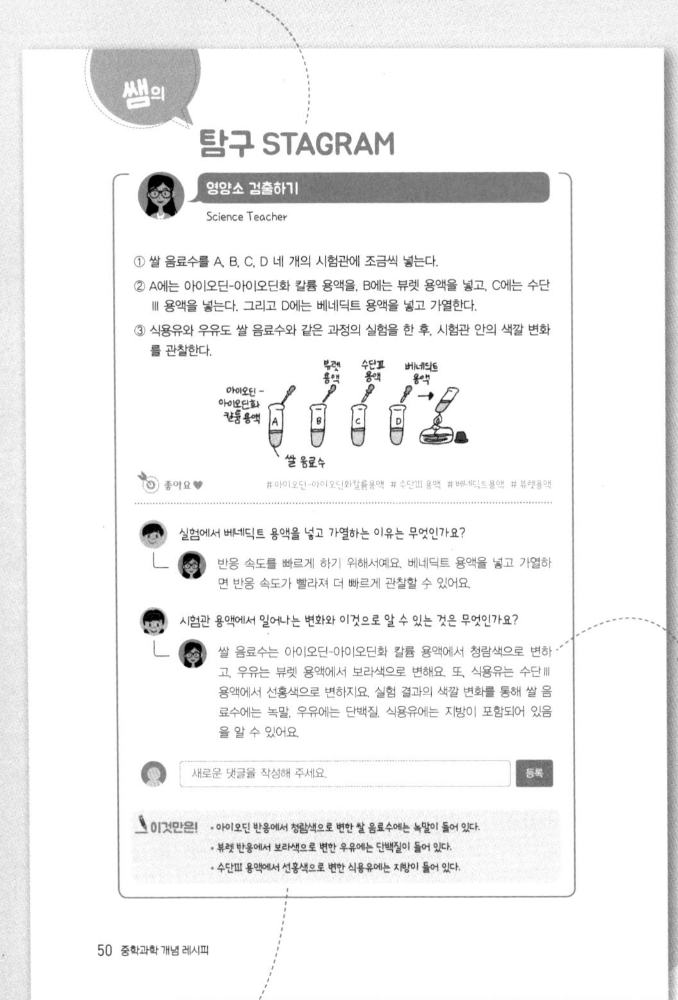

쌤의

탐구 STAGRAM

영양소 검출하기

Science Teacher

① 쌀 음료수를 A, B, C, D 네 개의 시험관에 조금씩 넣는다.

② A에는 아이오딘-아이오딘화 칼륨 용액을, B에는 뷰렛 용액을 넣고, C에는 수단 Ⅲ 용액을 넣는다. 그리고 D에는 베네딕트 용액을 넣고 가열한다.

③ 식용유와 우유도 쌀 음료수와 같은 과정의 실험을 한 후, 시험관 안의 색깔 변화를 관찰한다.

좋아요 ♥ #아이오딘-아이오딘화칼륨용액 #수단Ⅲ 용액 #베네딕트용액 #뷰렛용액

실험에서 베네딕트 용액을 넣고 가열하는 이유는 무엇인가요?

└ 반응 속도를 빠르게 하기 위해서예요. 베네딕트 용액을 넣고 가열하면 반응 속도가 빨라져 더 빠르게 관찰할 수 있어요.

시험관 용액에서 일어나는 변화와 이것으로 알 수 있는 것은 무엇인가요?

└ 쌀 음료수는 아이오딘-아이오딘화 칼륨 용액에서 청람색으로 변하고, 우유는 뷰렛 용액에서 보라색으로 변해요. 또, 식용유는 수단Ⅲ 용액에서 선홍색으로 변하지요. 실험 결과의 색깔 변화를 통해 쌀 음료수에는 녹말, 우유에는 단백질, 식용유에는 지방이 포함되어 있음을 알 수 있어요.

새로운 댓글을 작성해 주세요. 등록

이것만은!
- 아이오딘 반응에서 청람색으로 변한 쌀 음료수에는 녹말이 들어 있다.
- 뷰렛 반응에서 보라색으로 변한 우유에는 단백질이 들어 있다.
- 수단Ⅲ 용액에서 선홍색으로 변한 식용유에는 지방이 들어 있다.

50 중학과학 개념 레시피

과학 탐구
Q&A 댓글

탐구에서
꼭 기억해야 할 것!

교육과정 연계표

생명과학

핵심 개념
01. 생물의 다양성과 보전
02. 종과 분류 체계
03. 생물의 분류(5계)
04. 광합성
05. 물의 이동과 증산 작용
06. 식물의 호흡과 양분의 이용
07. 생물의 유기적 구성
08. 영양소
09. 소화
10. 순환
11. 호흡
12. 배설
13. 감각 기관: 눈
14. 감각 기관: 귀, 코, 혀, 피부
15. 뉴런과 신경계
16. 자극과 반응 경로
17. 호르몬
18. 항상성
19. 세포 분열과 개체 성장
20. 염색체와 유전자
21. 체세포 분열, 생식 세포 형성
22. 수정과 발생
23. 멘델의 유전 연구
24. 유전 법칙
25. 사람의 유전

2015 개정 교육과정
1학년
Ⅰ. 지권의 변화
Ⅱ. 여러 가지 힘
Ⅲ. 생물의 다양성
Ⅳ. 기체의 성질
Ⅴ. 물질의 상태 변화
Ⅵ. 빛과 파동
(Ⅶ. 과학과 나의 미래)
2학년
Ⅰ. 물질의 구성
Ⅱ. 전기와 자기
Ⅲ. 태양계
Ⅳ. 식물과 에너지
Ⅴ. 동물과 에너지
Ⅵ. 물질의 특성
Ⅶ. 수권과 해수의 순환
Ⅷ. 열과 우리 생활
(Ⅸ. 재해 · 재난과 안전)
3학년
Ⅰ. 화학 반응의 규칙과 에너지 변화
Ⅱ. 기권과 날씨
Ⅲ. 운동과 에너지
Ⅳ. 자극과 반응
Ⅴ. 생식과 유전
Ⅵ. 에너지 전환과 보존
Ⅶ. 별과 우주
(Ⅷ. 과학기술과 인류 문명)

지구과학

핵심 개념
01. 지권의 구조
02. 암석(화성암, 퇴적암)
03. 암석(변성암, 암석의 순환)
04. 광물
05. 풍화와 토양
06. 지권의 운동(대륙 이동설)
07. 지진과 화산(판)
08. 지구와 달의 크기
09. 지구의 운동
10. 달의 운동
11. 행성
12. 태양
13. 해수의 온도
14. 해수의 염분
15. 해류
16. 조석 현상
17. 기권의 층상 구조
18. 복사 평형과 지구 온난화
19. 대기 중의 수증기
20. 구름과 강수
21. 기압과 바람
22. 연주 시차
23. 별의 등급과 색깔
24. 우리 은하
25. 우주 팽창

2015 개정 교육과정
1학년
Ⅰ. 지권의 변화
Ⅱ. 여러 가지 힘
Ⅲ. 생물의 다양성
Ⅳ. 기체의 성질
Ⅴ. 물질의 상태 변화
Ⅵ. 빛과 파동
(Ⅶ. 과학과 나의 미래)
2학년
Ⅰ. 물질의 구성
Ⅱ. 전기와 자기
Ⅲ. 태양계
Ⅳ. 식물과 에너지
Ⅴ. 동물과 에너지
Ⅵ. 물질의 특성
Ⅶ. 수권과 해수의 순환
Ⅷ. 열과 우리 생활
(Ⅸ. 재해 · 재난과 안전)
3학년
Ⅰ. 화학 반응의 규칙과 에너지 변화
Ⅱ. 기권과 날씨
Ⅲ. 운동과 에너지
Ⅳ. 자극과 반응
Ⅴ. 생식과 유전
Ⅵ. 에너지 전환과 보존
Ⅶ. 별과 우주
(Ⅷ. 과학기술과 인류 문명)

차례
contents

1학년
III. 생물의 다양성

01 생물의 다양성과 보전 · 20
개성 만점인 우리들이 만드는 세상!

02 종과 분류 체계 · 24
우리 친구를 찾아볼까?

03 생물의 분류(5계) · 28
우리 가족을 소개할게!

2학년
IV. 식물과 에너지

04 광합성 · 32
식물은 먹지 않아도 잘 자라!

05 물의 이동과 증산 작용 · 35
물을 끌어올려 볼까?

06 식물의 호흡과 양분의 이용 · 39
식물도 숨을 쉰다고!

2학년
V. 동물과 에너지

07 생물의 유기적 구성 · 42
작은 벽돌을 쌓아 큰 집을 지을 수 있어!

08 영양소 · 46
골고루 잘 먹어야 튼튼해!

09 소화 · 51
통과하려면 더 작게! 더 작게!

10 순환 · 57
콩닥콩닥 심장이 뛰어!

11 호흡 • 63
숨쉬기를 멈출 순 없어!

12 배설 • 67
내 몸 안 쓰레기를 청소하는 날!

3학년
Ⅳ. 자극과 반응

13 감각 기관: 눈 • 71
눈에도 지문이 있다고?

14 감각 기관: 귀, 코, 혀, 피부 • 75
향기도 좋고 맛도 좋은 과일이 먹고 싶어!

15 뉴런과 신경계 • 80
신경은 컴퓨터에 달려 있는 전선과 같아!

16 자극과 반응 경로 • 85
레몬을 보기만 해도 침이 고여!

17 호르몬 • 88
몸속 기관에 보내는 러브레터!

18 항상성 • 92
우린 변하면 안 돼!

3학년
Ⅴ. 생식과 유전

19 세포 분열과 개체 성장 • 97
세포는 분열해서 세포 수를 늘리고 성장해!

20 염색체와 유전자 • 101
난 자유롭게 변신하는 카멜레온!

21 체세포 분열, 생식 세포 형성 • 104
숫자를 늘려 보자!

22 수정과 발생 • 109
나는 어떻게 태어났을까?

23 멘델의 유전 연구 • 112
물감처럼 섞이는 게 아니야!

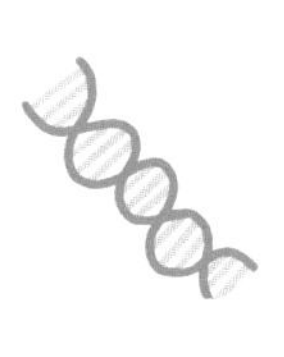

24 유전 법칙 • 116
우린 닮은 듯, 안 닮은 듯!

25 사람의 유전 • 121
우린 서로를 알아볼 수 있어!

차례
contents

1학년
I. 지권의 변화

01 지권의 구조 • 128
지구 내부는 삶은 계란 같아!

02 암석(화성암, 퇴적암) • 134
뜨거운 액체도, 차곡차곡 쌓인 알갱이도 단단한 암석이 될 수 있다고!

03 암석(변성암, 암석의 순환) • 139
열과 압력을 받으면 새로운 내가 되는 거야!

04 광물 • 143
암석이 초코칩 쿠키 같아!

05 풍화와 토양 • 146
단단한 암석이 부드러운 흙으로~

06 지권의 운동(대륙 이동설) • 149
대륙은 거대한 유람선!

07 지진과 화산(판) • 155
흔들흔들~ 지구가 꿈틀거려!

2학년
III. 태양계

08 지구와 달의 크기 • 159
우리 눈엔 지구와 달이 같은 크기로 보여!

09 지구의 운동 • 163
팽이처럼 매일 돌고 도는 지구!

10 달의 운동 • 167
둥근 달, 반달~ 달의 변신은 무죄!

11 행성 • 171
태양계 가족을 소개할게!

12 태양 • 175
그대는 우리의 하나뿐인 스타!

2학년
Ⅶ. 수권과 해수의 순환

13 해수의 온도 • 179
태양 난로로 바닷물을 데워 볼까?

14 해수의 염분 • 182
아무리 갈증이 나도 바닷물은 마시면 안 돼요.

15 해류 • 187
뗏목만 타고도 여행이 가능해!

16 조석 현상 • 190
바닷길이 열렸네~

3학년
Ⅱ. 기권과 날씨

17 기권의 층상 구조 • 194
기권을 구성하는 사총사의 매력!

18 복사 평형과 지구 온난화 • 199
지구는 자연이 만든 온실!

19 대기 중의 수증기 • 204
눈에 안 보여도 항상 우리 옆에 있어!

20 구름과 강수 • 209
구름도 솜사탕처럼 뜯어질까?

21 기압과 바람 • 214
보이지 않는 거대한 힘을 만드는 공기!

3학년
Ⅶ. 별과 우주

22 연주 시차 • 219
별은 얼마나 멀리 있는 걸까?

23 별의 등급과 색깔 • 223
별도 알록달록 색깔이 다르네!

24 우리 은하 • 227
우리는 대가족~ 함께 모여 살아요!

25 우주 팽창 • 230
우주가 식빵처럼 부풀고 있어!

개념 정리_생명과학·지구과학 • 235

생명과학

사람에게는 동물을 다스릴 권한이 있는 것이 아니라,
모든 생명체를 지킬 의무가 있는 것이다.

– 제인 구달

생물의 다양성과 보전

개성 만점인 우리들이 만드는 세상!

우리 주변에는 개, 고양이, 나무, 꽃 등 많은 생물들이 살고 있어요. 이뿐만 아니라 개미, 진드기, 우리 눈에 보이지 않는 많은 세균 같은 생물도 있어요. 이처럼 매우 다양한 생물이 저마다 환경에 적응하면서 살고 있지요. 어떻게 이렇게 다양한 생물이 지구에 생겼을까요?

생물의 다양성

세계 생물 다양성 정보 기구(GBIF)에 따르면 현재까지 발견된 생물의 종류는 약 172만 종이고, 지금도 새로운 종이 계속 발견되고 있다고 해요. 이처럼 지구에는 매우 다양한 생물이 살고 있는 생태계가 있어요. 초록빛이 무성한 숲, 넓게 펼쳐진 갯벌, 파란 바다, 건조한 사막 등이 바로 생물의 생태계예요.

어떤 지역에 살고 있는 생물이 얼마나 다양한지의 정도를 **생물 다양성**이라고 하는데, 생물 다양성은 지역에 따라 차이가 날 수 있어요. 즉, 한 지역에 살고 있는 생물의 종류가 많으면 생물 다양성이 높다고 할 수 있고, 반면 생물의 종류가 적으면 생물 다양성이 낮다고 할 수 있어요.

과학 선생님 @Biology

Q. 우리나라에서 생물 다양성이 높은 지역은 어디인가요?

우리나라의 대표적인 습지인 우포늪에 가 본 적이 있나요? 우포늪에는 식물 480여 종, 조류 62종, 어류 28종, 곤충 55종을 비롯해 다양한 파충류, 양서류, 조개류 등이 서식하고 있어요. 다른 생태계보다 많은 종류의 생물이 살고 있어서 생물 다양성이 높다고 할 수 있어요.

우포늪에_가면 # 생물 다양성_높아 # 생태계

변이

생물의 종류가 다르면, 몸의 크기나 모양, 색깔 등의 형질이 다르게 나타나요. 그런데 같은 종류의 생물에서도 생김새나 크기 등의 특징이 다르게 나타날 수 있어요. 우리도 저마다 생김새, 키 등이 서로 다르죠. 또, 바지락이나 얼룩말의 무늬도 자세히 보면 조금씩 다르고, 코스모스의 꽃잎도 모양과 색이 조금씩 달라요.

▲ 바지락의 껍데기

▲ 얼룩말의 줄무늬 색과 간격

▲ 코스모스의 꽃잎 색

이처럼 같은 종류의 생물에서도 조금씩 특징이 다르게 나타나는데, 이러한 생김새나 특성의 차이를 **변이**라고 해요. 결국, 생물은 종류 자체가 많아서 생물 다양성이 높아지고, 같은 종류의 생물에서도 생김새와 특성이 달라서 생물 다양성이 높아지는 것이에요.

환경과 생물의 다양성

생물은 어떻게 해서 다양해진 것일까요? 그 해답은 바로 생물이 살고 있는 환경과 관련이 깊어요. 생물은 햇빛, 온도, 먹이, 물, 서식지 등의 환경에 적응하며 살아가요. 그런데 같은 종류의 생물도 오랜 시간 동안 서로 다른 환경에서 살아가면 모습에 변화가 생겨요. 예를 들어, 모래가 많고 더운 곳에 사는 사막여우는, 덥고 건조한 사막 환경에 적응하여 살아남기 위해 몸집이 작고, 외부로 열을 쉽게 방출하기 위해 귀는 크며, 털색은 모래 색과 같아서 몸을 숨기기에 유리해요. 반면에 눈이 많이 내리고 추운 곳에 사는 북극여우는 몸집이 크고 귀가 작아서 외부로 열을 덜 빼앗기고, 털색도 흰색이에요.

여우의 예에서 볼 수 있듯이, 같은 종류의 생물도 서로 다른 환경에서 오랜 시간 살게 되면, 적응하는 과정에서 그 환경에 유리한 변이를 가진 생물만 살아남아요. 이렇게 살아남은 생물이 자손에게 그 특성을 전달하게 되는 것이죠. 이 과정이 오랜 시간 동안 반복되면 같은 종류의 생물들 간에도 차이가 커지면서 북극여우나 사막여우처럼 서로 다른 생김새와 특성을 지닌 무리로 나누어질 수 있어요. 결국, 생물에 나타나는 변이와 환경에 적응하는 과정을 통해서 생물 다양성이 높아지는 것이에요.

생물 다양성의 보전

생물 다양성이 높으면 어떤 점이 좋을까요? 첫째, 생물 다양성은 우리 인간의 삶을 풍요롭게 해주어요. 다양한 생물에게서 식량뿐 아니라 의복을 만드는 섬유, 건축할 때 사용하는 목재, 질병을 치료하는 의약품 등을 얻을 수 있기 때문이에요.

둘째, 생물이 다양하면 생태계가 안정하게 유지될 수 있어요. 생물 다양성으로 먹이 사슬이 복잡해지면 어떤 생물종이 사라져도 다른 생물을 먹이로 살아갈 수 있어서 생물이 멸종될 위험이 줄어들기 때문이에요. 예를 들면, 생물 다양성이 낮은 생태계에서는 먹이 사슬이 단순해서 개구리가 갑자기 사라지면 이를 먹이로 하는 뱀도 먹을 것이 없어 멸종되지요. 하지만 생물 다양성이 높은 생태계에서는 개구리가 갑자기 사라져도 이를 대신하여 먹이가 될 수 있는 토끼나 들쥐와 같은 다른 생물이 많이 있어서 뱀은 살아남을 수 있게 되지요.

최근 들어 생물 다양성은 점점 감소하고 있어요. 왜 이런 일이 생기는 것일까요? 대부분의 원인은 인간의 활동과 밀접한 관련이 있어요.

첫 번째, 농경지를 확장하거나 도시를 개발하거나 철도나 도로 건설 등의 자연 개발 과정에서 일어나는 **서식지 파괴** 때문이에요. 서식지를 잃은 생물은 서서히 사라지고 멸종하게 되지요.

두 번째는 **무분별한 채집과 사냥**으로 특정 생물이 사라지면서 생물 다양성이 감소하기 때문이에요. 예를 들어, 코뿔소는 인간이 뿔을 얻기 위해서 마구잡이로 사냥하여 사라질 위기에 놓여 있어요.

세 번째는 **외래종의 유입**으로 토종 생물의 생존이 위협받기 때문이에요. 외래종은 원래 살던 곳을 벗어나 다른 곳에서 사는 생물을 뜻하는데, 사람들이 의도적으로 옮기거나 우연히 옮겨진 것이에요. 이러한 외래종 유입은 토종 생물을 사라지게 하고 생물 다양성을 감소시켜요.

마지막으로 환경 오염과 기후 변화도 원인이에요. 쓰레기가 무분별하게 배출되고 오염 물질이 정화되지 않고 방출되면 생물이 사라지게 되고 생물 다양성도 감소해요.

오늘날에는 생물 다양성 보전을 위해 전 세계적으로 많은 활동이 활발하게 이루어지고 있어요. 우리나라에서도 토종 얼룩소 키우기, 외래 생물 제거하기 등의 생물 다양성 보전을 위한 사회적인 노력을 많이 기울이고 있답니다.

개념체크

1 어떤 지역에 살고 있는 생물이 얼마나 다양한지의 정도를 뜻하는 말은?

2 같은 종류의 생물에서도 나타나는 생김새나 특성의 차이를 부르는 말은?

답 **1. 생물 다양성 2. 변이**

02 종과 분류 체계

우리 친구를 찾아볼까?

편의점이나 마트에 가 보면, 물건이 잘 분류되어 있는 것을 볼 수 있어요. 볼펜을 사야 한다면, 생활용품의 문구류 쪽에서 다시 필기류 코너로 가면 찾을 수 있겠지요? 이처럼 다양한 물건들이 종류별로 잘 분류되어 있으면 필요한 것을 쉽게 찾을 수 있어요. 지구상에 살고 있는 다양한 생물은 어떻게 분류할 수 있을까요?

생물 분류

생물의 종류는 워낙 많기 때문에 비슷한 특징을 가진 생물들끼리 분류되어 있다면 우리가 알고 싶어 하는 생물을 쉽게 찾을 수 있어요. 생물이 가진 여러 가지 특징을 기준으로 공통점과 차이점에 따라 생물을 무리 지어 나누는 것을 **생물 분류**라고 해요.

생물을 분류할 때는 어떤 기준으로 분류하느냐에 따라 분류 결과가 달라질 수 있어요. 생물을 약으로 사용하는 약용 여부, 식량으로 사용하는 식용 여부 등 사람의 이용 목적이나 편의대로 나눌 수 있는데, 이를 인위 분류라고 해요. 반면 생물의 구조나 생김새, 광합성을 하는지 하지 않는지의 여부, 호흡을 어떤 방법으로 하는지 등 생물이 가지는 고유한 특징을 기준으로 나눌 수도 있는데, 이것을 자연 분류라고 해요. 이러한 분류 과정에서 각 생물의 고유한 특징을 비교하면 생물 사이의 멀고 가까운 관계도 알 수 있어요. 예를 들어, 고래는 상어와 사람 중에서 어떤 생물과 더 가까운 관계일까요? 고래와 상어는 둘 다 물속에 살지만 고래는 폐로, 상어는 아가미로 호흡해요. 사람은 폐로 호흡을 하므로, 호흡 방법이라는 특징을 비교해 볼 때, 고래는 상어보다는 사람과 더 가까운 관계임을 알 수 있답니다.

종

생물을 분류할 때, 사람의 편의에 따라 분류하면 사람마다 결과가 달라질 수 있어요. 그래서 일반적으로 생물이 가지는 고유 특징을 기준으로 생물을 분류해요. 생물 분류의 기준이 되는 특징으로는 몸의 구조, 번식 방법, 광합성 여부, 호흡 방법 등이 있어요. 생물의 이러한 특징들을 여러 단계로 나누어 생물을 분류할 수 있는데, 이때 **가장 작은 분류 단계를 종**이라고 해요. 가장 기본이 되는 생물의 종류 하나 하나를 종이라고 생각하면 돼요. 종이 되려면 특별한 조건이 있어요. 바로 종은 자연 상태에서 번식 능력이 있는 자손을 낳을 수 있는 생물의 무리여야만 해요.

예를 들면, 고양이와 삵, 카라칼은 얼굴이 비슷해서 같은 종이라고 생각하기 쉽지만. 짝짓기하여도 번식할 수 있는 자손을 낳지는 못해요. 따라서 같은 종으로 분류하지 않아요.

마찬가지로 수사자와 암호랑이 사이에서 태어난 라이거도 번식 능력이 없어 자손을 낳지 못해요. 따라서 사자와 호랑이는 같은 종으로 분류하지 않아요.

한편, 불도그와 불테리어는 보기에 생김새가 많이 다르죠? 하지만 불도그와 불테리어 사이에서 태어난 보스턴테리어는 번식 능력이 있어서 자손을 낳을 수 있어요. 따라서 불도그와 불테리어는 같은 종이에요.

생물 분류 체계

생물 각각의 종은 생김새나 습성 등 특징이 서로 다르지만 어떤 종끼리는 비슷한 특징이 있는 것을 알 수 있어요. 이때 같은 종은 아니지만 공통적으로 나타나는 비슷한 특징을 지닌 종끼리 서로 묶어서 더 큰 단위로 분류할 수 있는데, 이 단계를 **속**이라고 해요. 또한, 각각의 속 중에서도 공통적으로 나타나는 비슷한 특징을 지닌 속끼리 묶어서 다시 더 큰 단위로 분류할 수 있어요. 이 단계는 **과**라고 해요. 이와 같은 방식으로 생물을 종에서부터 점차 큰 단위로 묶으면 '**종→속→과→목**

→강→문→계'의 단계로 분류할 수 있어요. 예를 들어, 고양이라는 종을 다른 생물들과 함께 점차 큰 단위로 묶어 나가면 나중에는 동물이라는 계로 묶이면서 동물계로 분류할 수 있어요.

고양이와 치타, 호랑이를 예로 들어 살펴볼까요? 이들은 각각 다른 종이지만, 고양이는 호랑이보다는 치타와 비슷한 점이 더 많아요. 따라서 고양이는 치타와 같은 속으로 분류하지만 호랑이와는 다른 속으로 분류해요. 즉, 고양이와 치타처럼 같은 속에 속하는 생물들끼리는 다른 속에 속하는 생물보다 더 가까운 관계에 있다고 할 수 있어요. 결국 지구상에 존재하는 다양한 종류의 생물을 분류 체계에 따라 나누면 생물들 사이의 가까운 관계와 먼 관계를 파악할 수 있어요.

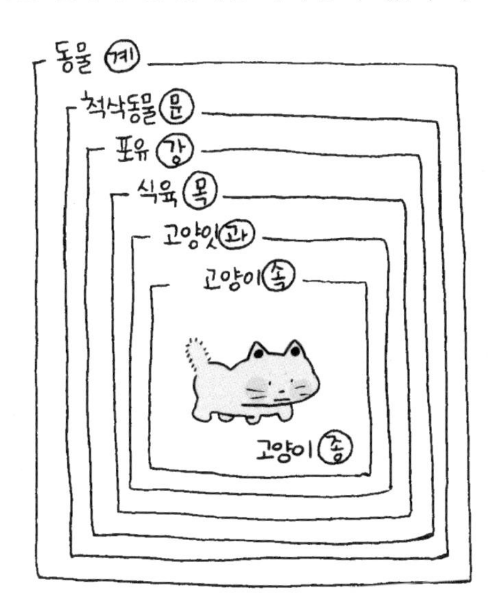

개념체크

1 생물을 분류하는 체계 중에서 가장 작은 분류 단계는?

2 생물 분류 체계를 작은 단계부터 큰 단계까지 순서대로 쓰시오.

답 1. 종 2. 종-속-과-목-강-문-계

생물의 분류(5계)

우리 가족을 소개할게!

지구에 살고 있는 다양한 생물을 체계적으로 이해하기 위해서는 생물의 공통점과 차이점을 찾아 기준을 정해서 분류해야 해요. 이러한 노력은 500년 전 고대 그리스 시대부터 지금까지 이어지고 있어요. 과학이 발달하면서 생물에 대한 구체적이고 새로운 정보가 더 많아지게 되어 분류의 체계도 수정되고 있어요. 현재는 지구의 다양한 생물들을 5가지 계로 분류하고 있어요.

동물계

여러분들이 알고 있는 동물을 모두 떠올려 보면 토끼, 개, 고양이, 호랑이, 말 등 엄청나게 많죠? 우리가 알고 있는 이러한 동물들은 모두 **동물계**로 분류할 수 있어요.

▲ 동물계에 속한 생물

그렇다면 **동물계**는 어떤 특징이 있을까요? 바로 **운동성**이 있으며, 몸이 여러 개의 세포로 이루어져 있고, 다른 생물을 먹어 양분을 얻는 생물의 무리를 말해요.

동물계에 속한 생물은 대부분 몸을 이루는 기관이 잘 발달하였고, 육지나 물속에서 생활한다는 특징이 있어요. 사람도 동물계에 속해요.

식물계

식물계도 동물계처럼 몸이 여러 개의 세포로 이루어진 생물이에요. 그러나 **식물계**는 **광합성**을 할 수 있어서 양분을 스스로 만드는 생물의 무리를 말해요.

식물계에 속하는 생물의 세포에는 단단한 세포벽이 있는데, 이것은 동물계에 속한 생물의 세포와는 확연히 다른 점이에요. 또한, 식물계 생물의 대부분은 뿌리, 줄기, 잎이 발달하였고 주로 육상에서 생활해요. 우리가 집에서 키우는 화초, 운동장 화단의 예쁜 꽃, 길가의 나무도 모두 식물계에 속하는 생물이에요.

균계

우리가 잘 아는 버섯은 운동성이 없죠? 그럼 식물일까요? 식물계에 속하려면 광합성을 할 수 있어야 하는데, 버섯은 엽록체가 없어서 광합성을 하지 못해요. 따라서 식물계가 아니에요. 대신 버섯은 또 다른 분류 체계인 균계로 분류해요.

균계는 핵이 있는 세포로 이루어진 생물 중에서 버섯이나 곰팡이 등과 같이 운동성이 없고, 스스로 양분을 만들 수 없는 생물의 무리를 말해요.

균계에 속한 버섯이나 곰팡이의 몸은 실 모양의 **균사**가 얽힌 구조를 하고 있어요. 그런데 예외로 효모는 버섯과 달리 균사도 없고, 한 개의 세포로 이루어진 단세포 생물이지만 균계로 분류해요.

원생생물계

이제 원생생물계를 알아볼까요? 원생생물계를 알아보기 전에 먼저 원생생물계와 원핵생물계의 차이를 아는 것이 중요해요.

두 생물계를 이해하기 위해서는 **진핵세포**와 **원핵세포**를 꼭 알아야 해요. 앞에서 설명한 동물계, 식물계, 균계의 생물들은 모두 핵이 있는 세포로 이루어져 있어요. 이 세포들은 모두 진핵세포예요. 진핵세포는 세포 안에 핵이 있고, 핵막이 핵을 감싸고 있어서 핵 주변의 세포질과 구분이 되는 세포예요.

반면에 원핵세포는 핵막이 없어서 핵과 세포질이 뚜렷하게 구분되지 않고, 핵을 이루는 물질인 DNA가 세포질 속에 퍼져 있는 세포예요. 그래서 원핵세포는 진핵세포보다는 덜 발달되었어요.

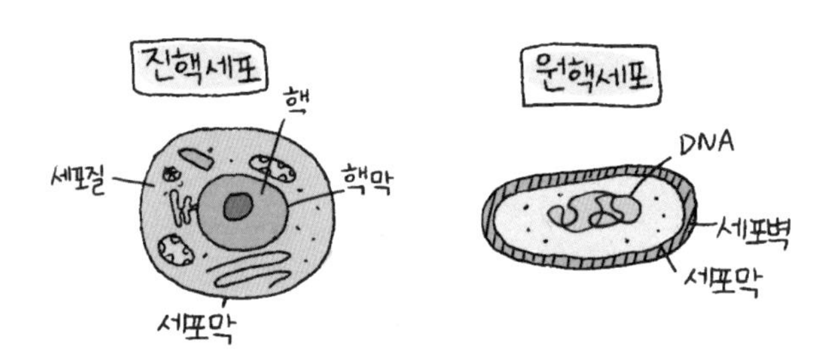

원생생물계에 속하는 생물들은 진핵세포로 이루어져 있어요. 정확하게 분류하면 원생생물계는 세포 안에 핵막으로 둘러싸인 뚜렷한 핵이 있고, 동물계, 식물계, 균계 중 어디에도 속하지 않는 생물 무리를 말해요. 원생생물계에는 아메바, 짚신벌레와 같은 단세포 생물이 대부분이에요. 다세포 생물인 미역과 김, 다시마 등의 해조류도 여기에 포함돼요. 원생생물계의 생물은 대부분 물속에서 생활한다는 특징도 있어요.

원핵생물계

원핵생물계에 속하는 생물들은 원핵세포로 이루어져 있어요. 따라서 원핵생물계는 세포 안에 핵막이 없어서 핵이 뚜렷하게 구분되지 않는 생물 무리예요. 흔히 대장균, 폐렴균, 젖산균 등의 세균이나 박테리아로 불리는 단세포 생물이 여기에 해당돼요.

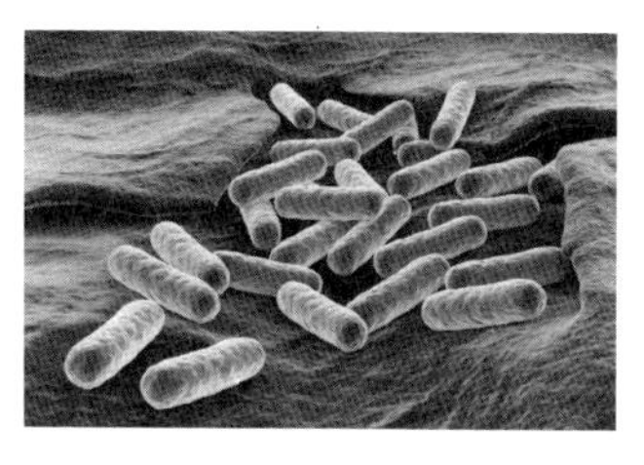

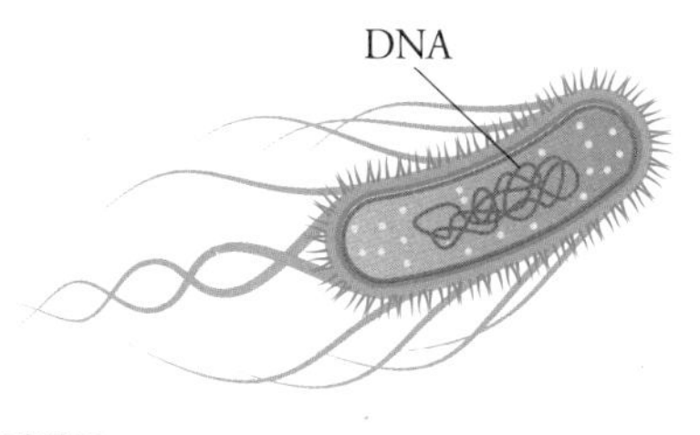

▲ 대장균

이렇게 다양한 생물들은 생물이 가지는 고유한 특징을 기준으로 동물계, 식물계, 균계, 원생생물계, 원핵생물계인 5계로 분류해요.

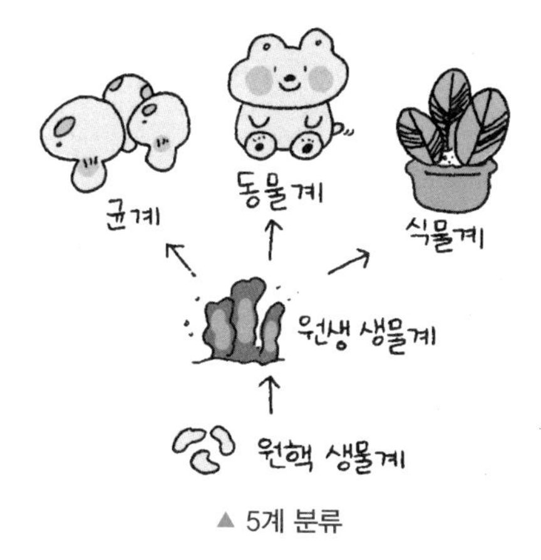

▲ 5계 분류

개념체크

1 세포 안에 핵막이 없어서 핵이 뚜렷이 구분되지 않는 생물의 무리는?

2 버섯, 곰팡이, 효모가 속한 계는?

답 1. 원핵생물계 2. 균계

04 광합성

식물은 먹지 않아도 잘 자라!

아기는 태어나면 엄마 젖을 먹거나 음식을 먹으면서 키가 자라고 몸무게도 늘어나면서 생장해요. 식물은 어떨까요? 식물은 씨앗을 심고 물만 주어도 싹이 나고, 쑥쑥 자라는 것을 볼 수 있어요. 식물은 어떻게, 무엇을 먹고 자라는 것일까요?

광합성

식물이 생장할 수 있는 것은 식물의 **광합성** 때문이에요. 광합성이라는 말이 어렵죠? 뜻을 간단하게 풀어보면 '광(光)'은 빛을 뜻하며, '합성(合成)'은 만든다는 것을 뜻해요. 즉, 빛을 이용해서 양분을 만든다는 뜻이에요. 식물은 어떻게 빛을 이용해서 양분을 만들까요?

빵을 만들려면 밀가루, 물, 소금, 버터, 우유 등의 재료가 필요하듯이 광합성도 물과 이산화 탄소라는 재료가 필요해요. 또, 밀가루 반죽이 맛있는 빵이 되려면 오븐에서 열에너지를 받아야 하는 것처럼, 식물도 물과 이산화 탄소라는 재료가 엽록체라는 곳에서 빛에너지를 받아야 식물이 사용할 수 있는 유기 양분이 만들어지는 거예요.

광합성이 일어나는 장소는 식물의 잎에 분포된 **엽록체**예요. 엽록체는 초록색을 띠며 식물의 잎 전체에 퍼져 있어서, 잎이 온통 초록색으로 보여요. 바로 이 엽록체에서 식물이 먹고 자랄 수 있는 밥(양분)이 만들어지는 것이지요.

그런데 광합성은 우리 인간에게도 도움을 주고 있어요. 바로 산소를 만들기 때문이에요. 식물은 광합성을 하면서 자신에게 필요한 양분을 만들어 내지만 이 과정에서 생물의 호흡에 필요한 산소도 함께 만들어 내요.

즉, 식물은 물과 이산화 탄소라는 재료를 이용해서 광합성을 하고, 이를 통해 자신이 생장하고 살아가는 데 필요한 **유기 양분**(포도당)과 지구 전체 생물에게 필요한 **산소**를 만들어 내요.

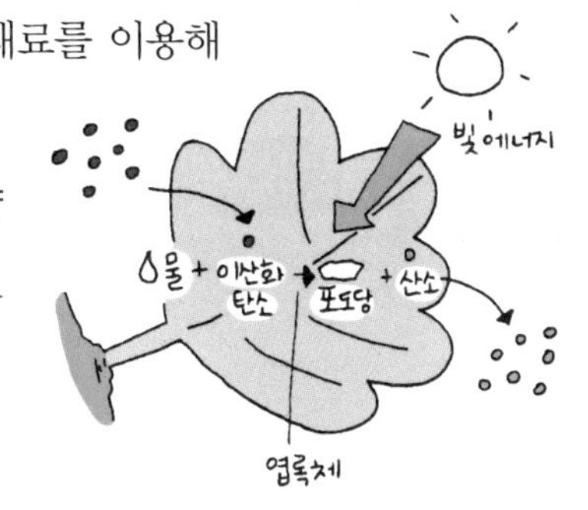

광합성에 필요한 물질

식물은 광합성에 사용되는 물과 이산화 탄소를 어디에서 얻을까요? 먼저 물은 뿌리에서 흡수돼요. 이 물이 줄기의 물관을 따라서 잎까지 배달되는 것이에요. 한편, 기체인 이산화 탄소는 공기 중에 있다가 잎에 있는 **기공**이라는 구멍을 통해서 잎 안으로 들어오게 돼요. 광합성 결과 만들어진 산소도 바로 이 기공을 통해서 바깥으로 빠져나가게 되는 것이에요.

광합성에 필요한 이산화 탄소와 광합성으로 생성된 산소는 잎의 기공을 통해 출입해요.

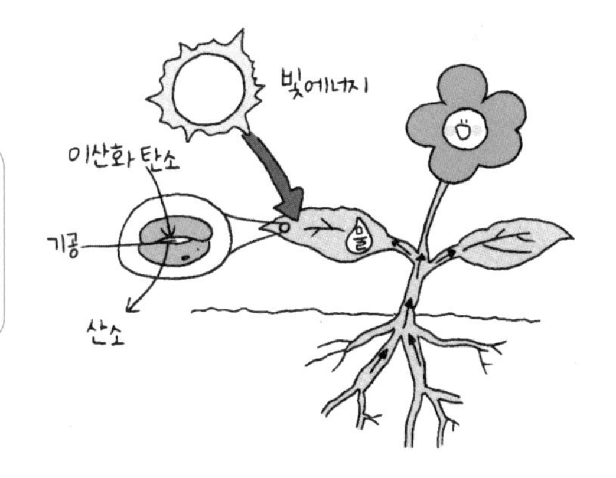

개념체크

1 광합성이 일어나는 장소는?

2 식물이 광합성을 하게 되면 만들어지는 산물은?

답 1. 엽록체 2. 유기 양분(포도당), 산소

탐구 STAGRAM

광합성이 일어나는 장소와 산물 관찰 실험

Science Teacher

① 물이 들어 있는 비커에 검정말을 넣고, 햇빛이 잘 비치는 곳에 2~3시간 정도 놓아둔 다음, 잎을 떼어 내어 현미경 표본을 만든다.

② 에탄올이 들어 있는 시험관에 검정말 잎을 하나 넣고 물중탕하여 엽록체를 탈색한 후 잎에 아이오딘-아이오딘화 칼륨 용액을 떨어뜨리고 나서 현미경 표본을 만든다.

③ 아래 표는 ①과 ②의 잎 표본을 현미경으로 관찰한 결과이다.

검정말 잎의 엽록체	탈색한 엽록체
초록색을 띠는 작은 알갱이	청람색

좋아요 ♥ #엽록체 #녹말 #광합성 #청람색 #아이오딘-아이오딘화칼륨용액

광합성 결과 생성된 녹말을 확인할 수 있는 방법은 무엇인가요?

아이오딘-아이오딘화 칼륨 용액을 떨어뜨려 보는 것이에요. 녹말은 아이오딘-아이오딘화 칼륨 용액과 반응해서 청람색으로 변해요. 즉, 빛을 받은 검정말의 잎에 아이오딘-아이오딘화 칼륨 용액을 떨어뜨렸을 때 엽록체가 청람색으로 변하는 것으로 광합성 결과 녹말이 생성되는 것을 알 수 있어요.

실험에서 광합성이 일어난 장소는 어디였나요?

엽록체예요. 탈색하여 색이 없어진 엽록체에 아이오딘-아이오딘화 칼륨 용액을 떨어뜨렸을 때, 청람색으로 변한 것은 엽록체에서 광합성이 일어나서 광합성의 산물인 녹말이 생성되었기 때문이에요.

새로운 댓글을 작성해 주세요. 등록

이것만은!
- 광합성이 일어나는 장소는 식물의 잎에 많이 분포한 엽록체이다.
- 광합성을 통해 생성된 유기 양분인 녹말은 아이오딘-아이오딘화 칼륨 용액과 반응하여 청람색으로 변한다.

05 물의 이동과 증산 작용

물을 끌어올려 볼까?

우리는 목이 마르면 물을 마시는데 식물은 어떨까요? 식물도 생명 활동을 유지하기 위해서는 물이 필요해요. 특히 광합성을 할 때에는 물이 중요한 재료가 돼요. 우리는 손과 발이 있어 직접 물을 떠다 마시지만 움직일 수 없는 식물은 어떻게 물을 구할 수 있을까요?

증산 작용

증산 작용이란 식물체 속의 물이 수증기로 변해서 공기 중으로 빠져나가는 현상을 말해요. 이 작용을 통해서 식물은 체온을 조절해요. 마치 우리 몸에서 나온 땀이 증발하면서 체온을 유지해 주는 것과 같은 원리예요.

이러한 증산 작용은 어디서 일어나는 것일까요? 바로 잎 뒷면에 있는 **기공**이라는 구멍을 통해서 일어나요. 땀은 사람의 피부에 있는 땀구멍을 통해 증발하고, 식물의 물은 잎의 기공을 통해서 나와요. 즉, 기공은 사람 피부의 땀구멍과 같은 역할을 해요. 기공은 **공변세포** 2개가 만나서 만들어져요. 입술 모양처럼 생긴 공변세포 사이에 기공이 있어요.

기공이 항상 열려 있는 것은 아니에요. 낮에는 열리고 밤에는 닫혀요. 그래서 기공이 열리는 낮에는 증산 작용이 활발하게 일어나고, 기공이 닫히는 밤에는 증산 작용이 줄어들어요.

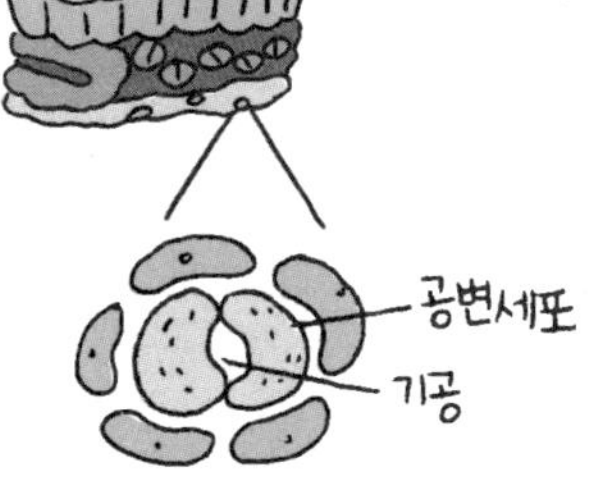

기공의 개폐

왜 기공은 열리기도 하고 닫히기도 하는 것일까요? 바로 공변세포에 그 비밀이 숨어 있어요. 낮에는 공변세포가 주변으로부터 물을 흡수하여 팽팽해져요. 이때 공변세포의 안쪽 벽은 두껍고 바깥쪽 벽은 얇아서 바깥쪽이 더 늘어나게 되어 기공이 열리는 것이에요. 반대로 밤이 되면 공변세포에서 물이 빠져나가면서 바깥쪽이 더 많이 수축되어 기공이 닫히게 돼요.

긴 고무풍선을 공변세포라고 생각하고 다음과 같은 실험을 한번 해보세요. 긴 고무풍선을 2개 준비하고, 고무풍선이 마주 보는 곳에 절연테이프를 붙인 후 끝부분을 연결해요. 고무풍선에 공기를 더 넣어 주면, 풍선의 바깥쪽은 절연테이프를 붙여 놓은 안쪽보다 더 많이 팽창하면서 늘어나고, 두 풍선 사이의 공간은 벌어지게 돼요. 풍선의 바람을 조금 빼주면 풍선 사이의 공간, 즉 기공은 다시 좁아지게 된답니다.

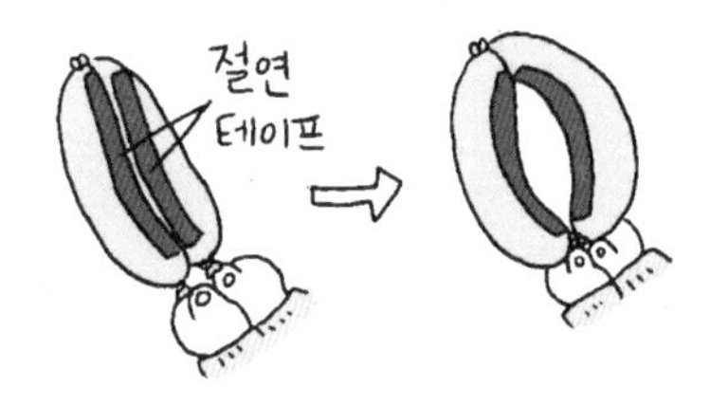

이렇게 열린 기공을 통해서 물이 빠져나가서 수증기가 되는 증산 작용이 일어나게 되는 것이에요.

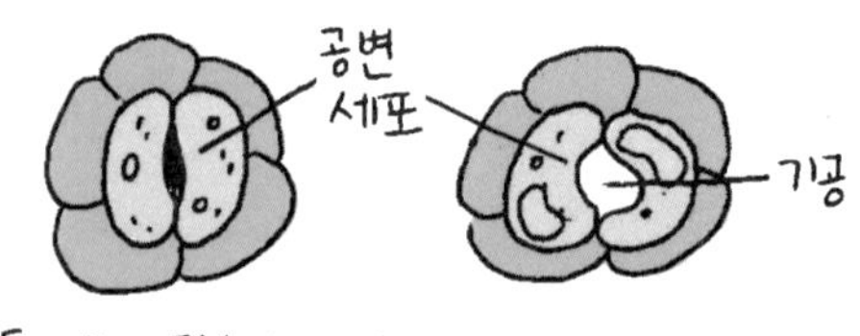

[기공이 닫혔을 때] [기공이 열렸을 때]

기공이 열릴 때와 닫힐 때

- 공변세포 속으로 물이 들어옴 ➡ 공변세포 팽창 ➡ 기공 열림
- 공변세포에서 물이 빠져나감 ➡ 공변세포 수축 ➡ 기공 닫힘

물의 이동

증산 작용의 중요한 역할이 또 하나 있어요. 그것은 뿌리에서 흡수된 물이 줄기를 지나 잎까지 올라오게 하는 것이에요. 즉, 증산 작용으로 잎에서 물이 빠져나가면 잎의 세포는 물을 보충하기 위해서 뿌리에서 다시 물을 끌어올려요. 물은 뿌리에서만 흡수되므로 뿌리가 열심히 물을 끌어올리고 그 물이 줄기를 지나 잎까지 상승하게 돼요. 기공에서 증발한 물의 양만큼 뿌리로부터 물이 끌어올려져서 다시 보충되는 것이에요. 마치 우리가 물을 마셔서 몸에 수분을 보충하는 것과 같은 원리예요.

과학 선생님 @Biology

Q. 증산 작용의 중요한 역할이 뭐예요?

증산 작용은 식물체의 체온을 조절하고, 뿌리에서 물이 올라오게 하는 역할을 해요.

증산작용 # 물이_올라가

개념체크

1 식물의 잎 뒷면 구조에서 A, B의 명칭은?

2 B가 열릴 때 나타나는 현상은?

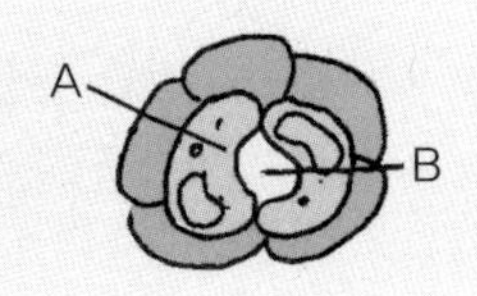

답 1. A: 공변세포, B: 기공 2. 증산 작용

탐구 STAGRAM

공변세포 관찰하기

Science Teacher

① 비비추 잎 뒷면의 표피를 벗겨 낸다.

② 표피를 잘라서 현미경 표본으로 만든다.

③ 그림은 현미경 관찰 결과를 나타낸 것이다.

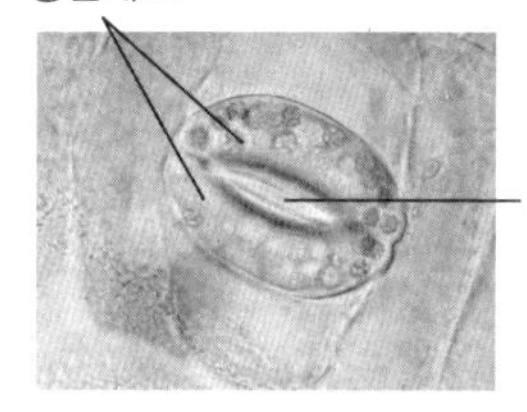

좋아요 ♥ #잎의 뒷면 #표피 #공변세포 #엽록체

실험에서 관찰한 기공은 몇 개의 공변세포에 둘러싸여 있나요?

공변세포는 총 2개예요. 입술 모양의 공변세포 2개가 만나서 가운데 부분에 기공을 형성해요.

공변세포와 다른 표피의 세포는 어떤 차이점이 있나요?

공변세포에는 엽록체가 있어요. 표피를 이루는 다른 세포들에서는 초록색의 엽록체가 관찰되지 않지만, 공변세포에는 초록색의 엽록체가 관찰돼요.

새로운 댓글을 작성해 주세요. 등록

이것만은!
- 공변세포는 잎의 뒷면에 많이 분포한다.
- 기체가 출입하는 기공은 공변세포 2개가 만나서 가운데 부분에 만들어진다.
- 공변세포는 주변의 표피 세포와 달리 엽록체가 있다.

06 식물의 호흡과 양분의 이용

식물도 숨을 쉰다고!

인간을 비롯해 모든 동물은 매일 호흡을 해야 해요. 호흡을 통해 세포에까지 전달된 산소는 우리가 생활하는 데 필요한 에너지를 만들어요. 이때 이산화 탄소도 만들어지는데, 이산화 탄소는 호흡을 통해 몸 밖으로 빠져나가게 돼요. 이러한 호흡은 동물만 할까요? 아니면 식물도 할까요?

식물의 호흡과 에너지

식물도 살아 있는 생물이므로 싹을 틔우고, 꽃을 피우고, 열매를 맺으려면 에너지가 필요해요. 그렇다면 식물은 에너지를 어디에서 얻을까요? 바로 호흡을 통해서 에너지를 얻어요. 앞에서 배웠듯이 식물은 광합성을 통해 유기 양분인 포도당을 만들어요. 이 포도당이 식물 안으로 들어온 산소와 반응하여 이산화 탄소와 물로 분해되면서 에너지가 나오는 것이에요.

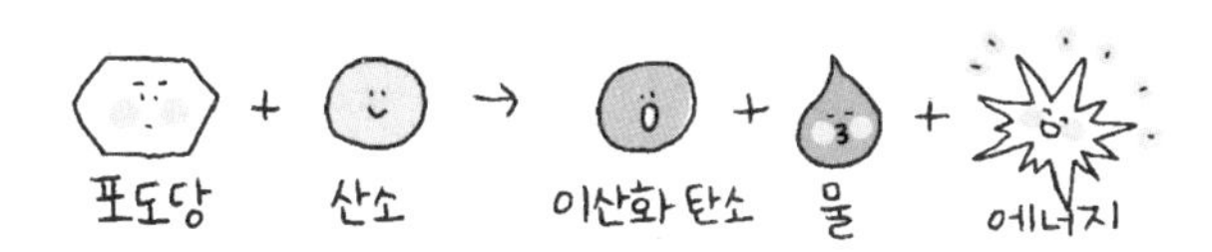

결국 식물은 광합성으로 만들어진 포도당과 산소를 사용하여 생명 활동에 필요한 에너지를 만드는데, 이러한 과정을 **식물의 호흡**이라고 해요.

식물의 호흡과 광합성

광합성이 빛에너지를 이용하여 양분을 만드는 과정이라면, 식물의 호흡은 산소를 이용하여 만든 양분을 다시 에너지로 만드는 과정이에요.

광합성과 호흡은 기체 교환에서도 차이가 있어요. 식물이 광합성을 할 때에는 이산화 탄소를 흡수하고 산소를 내보내지만, 호흡을 할 때에는 오히려 산소를 흡수하고 이산화 탄소를 내보내요.

여기서 잠깐, 식물은 낮과 밤에 다른 활동을 한다는 것을 아나요?

빛이 강한 낮에는 식물이 광합성을 매우 활발히 하여 호흡할 때 나오는 이산화 탄소를 광합성 재료로 모두 사용해요. 그래도 이산화 탄소가 부족하면 기공을 통해 이산화 탄소를 흡수하여 양분을 만들고 산소를 많이 내놓아요. 하지만 밤이 되면 빛이 없어서 광합성을 할 수 없어요. 따라서 호흡만 하게 되어 기공을 통해 산소를 흡수하고, 이산화 탄소를 내놓는 것이에요.

과학 선생님 @Biology

Q. 식물이 호흡할 때 이산화 탄소를 내보내므로 식물이 많아지면 우리에게 해로울까요?

식물은 우리처럼 움직일 수 없어 많은 에너지가 필요하지 않으므로 호흡을 통해 산소를 많이 소모하지 않아요. 게다가 큰 나무 한 그루는 네 사람이 하루 숨 쉴 산소를 공급할 만큼 많은 산소를 내뿜고 있어요. 그리고 이산화 탄소를 다시 광합성 재료로 사용하지요.

#산소를_먹고 #이산화_탄소를_내보내

광합성 산물의 이용

식물이 광합성을 통해 만든 양분을 어떻게 이용하는지 구체적으로 알아볼까요? 잎에서 만들어진 **포도당(양분)**은 잎에 사용되거나 일부는 **녹말**로 바뀌어 식물에 다시 저장돼요. 엽록체에 저장된 녹말은 물에 잘 녹지 않기 때문에 양분이 필요한 식물의 각 기관으로 운반되기 위해서 **물에 잘 녹는 설탕으로 바뀌어요.** 설탕은 밤이 되면 체관을 통해 식물의 각 기관으로 운반되고, 각 기관에 따라 다양하게 사용돼요.

양분은 식물의 각 기관에서 어떻게 사용될까요? 우선 식물의 호흡을 통해서 생명 활동에 필요한 에너지를 얻는 데 사용돼요. 또, 식물의 몸을 구성하는 성분이 되어서 식물의 생장에 사용돼요. 그래서 식물도 우리처럼 키가 쑥쑥 크고, 잎이 무성해지며 뿌리도 길어지는 것이에요. 이렇게 이용하고 남은 양분은 녹말, 지방, 단백질 등의 다양한 형태로 바뀌어 식물의 뿌리, 줄기, 열매 등에 저장돼요. 예를 들어, 감자는 녹말로 양분을 저장하고, 양파는 포도당으로 양분을 저장한답니다. 그래서 양파를 먹으면 감자와 다르게 단맛이 느껴지는 것이에요.

식물은 동물의 먹이로도 이용되므로, 결국 광합성은 식물에 필요한 양분뿐만 아니라 다른 생물에게 양분을 제공해 주는 역할도 하지요. 또, 광합성 과정에서 나온 산소는 생물의 호흡에도 이용돼요. 식물이 광합성을 하지 않으면 우리는 양분도 산소도 얻을 수 없답니다.

개념체크

1 식물이 광합성으로 만든 포도당과 산소를 사용하여 생명 활동에 필요한 에너지를 생성하는 과정은?

2 식물이 호흡할 때 생성되는 기체는?

답 1. 식물의 호흡 2. 이산화 탄소

07 생물의 유기적 구성

작은 벽돌을 쌓아 큰 집을 지을 수 있어!

생물의 몸을 이루는 가장 기본적인 단위는 무엇일까요? 바로 세포예요. 세포의 크기는 대략 10～100 μm로, 1 μm는 1 m를 백만분의 1로 나눈 값이에요. 세포 하나의 크기가 매우 작다는 것을 실감할 수 있나요? 이렇게 작은 세포가 모여서 어떻게 큰 생물의 몸을 이루게 된 것일까요?

세포

살아 있는 생물의 몸은 모두 세포로 이루어져 있어요. 한 개의 세포로만 이루어진 생물도 있는데, 이러한 생물을 **단세포 생물**이라고 해요. 아메바나 짚신벌레처럼 매우 작고 물속에서 생활하는 생물이 이에 속해요.

하지만 우리 주변에서 볼 수 있는 대부분의 생물들은 여러 개의 세포로 이루어진 **다세포 생물**이에요.

▲ 단세포 생물　　▲ 다세포 생물

사람도 다세포 생물로서 많은 수의 세포가 모여서 몸의 각 기관을 이루어요. 그리고 각 기관에 따라 세포의 크기와 모양은 다양해요.

예를 들면, 사람의 감각과 관련된 신경계를 이루는 신경 세포와 사람의 움직임을 담당하는 근육을 구성하는 근육 세포의 모습은 완전히 다르답니다. 또한, 혈액을 구성하는 적혈구, 백혈구, 생식을 담당하는 난자, 정자도 모두 하나의 세포이면서 서로 다른 모습을 가지고 있어요.

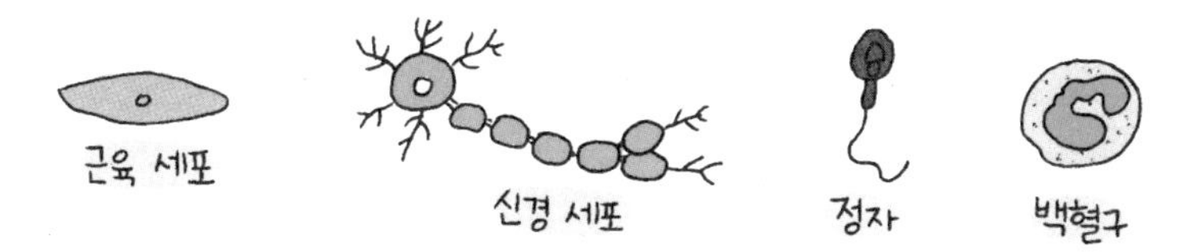

과학 선생님 @Biology

Q. 세포마다 모양이 다른 이유는 무엇일까요?

세포는 자신이 하는 일에 따라 모양과 생김새가 달라요. 외부의 자극을 뇌에 전달하는 신경 세포는 자극을 빨리 뇌에 전달하기 위해 긴 전깃줄 모양을 하고 있어요. 또, 근육을 구성하는 근육 세포는 탄력성이 있어 보이죠? 이처럼 세포는 맡은 기능에 따라 그 모양이 다르답니다.

세포가_하는 일 # 모양이_모두_달라

생물의 유기적 구성 단계

작고 다양한 세포들이 모여서 어떻게 사람과 같은 큰 개체를 이루게 되는 것일까요? 그것은 세포들이 여러 단계를 거치면서 점점 복잡해지는 구조를 이루어 온전한 개체가 되기 때문이에요. 즉, 다양한 세포들이 한꺼번에 섞여서 바로 사람과 같은 생물이 되는 것이 아니라 비슷한 특성을 가진 세포가 모여, 조금 더 큰 단계를 이루고, 다시 더 큰 단계를 거치면서 완전한 개체가 되는 것이에요. 집짓기를 예로 들어 볼까요?

집을 지을 때, 기초가 되는 벽돌을 마구잡이로 쌓아 놓으면 집이 되지 않지요? 벽돌을 설계에 따라 이쪽저쪽으로 방향을 두고 쌓아서 벽을 만들고, 여러 개의 벽이 방, 부엌, 거실의 공간을 이루고, 이러한 여러 개의 방과 화장실, 거실 등이 모이면 집이 완성되는 것이에요.

이와 마찬가지로 생물의 몸도 모양과 기능이 비슷한 세포들이 체계적으로 모여 **조직**을 이루고, 조직이 모여 특정한 일을 하는 기관을 형성하고, 기관들이 모이면 독립적인 생물체인 개체가 되는 것이랍니다.

우선, 우리 몸의 각 기관을 살펴볼까요? 우리 몸에는 튼튼한 뼈, 몸을 감싸서 보호하는 피부, 위, 소장, 심장 등의 고유 기능을 담당한 기관들이 아주 많아요. 그런데 모든 것의 기본은 세포이지요. 단단한 뼈를 구성하는 뼈 세포가 모이면 뼈 조직, 근육을 구성하는 근육 세포가 모이면 근육 조직, 신경 세포가 모이면 신경 조직이 되지요. 이처럼 각각의 기능에 따라 다른 세포들이 모여서 조직을 이루는 것이에요.

몇 개의 조직이 모이면 기관을 형성해요. 예를 들어, 소화라는 기능을 담당하는 소화 기관은 근육 조직과 상피 조직이 모여서 만들어지는 것이에요. 즉, 소화를 담당하는 위, 혈액의 순환을 담당하는 심장, 호흡을 담당하는 폐, 배설을 담당하는 콩팥처럼 여러 조직이 모여서 특정한 일을 하는 구성 단계를 **기관**이라고 해요.

기관들 중에서 연관된 기능을 하는 기관들을 다시 묶어서 **기관계**라고 해요. 예를 들어, 소화를 담당하는 기관에는 위뿐만 아니라 소장, 대장, 간, 이자, 쓸개 등이 있어요. 따라서 소화와 관련된 기관들을 모두 묶어서 소화 기관계, 즉 **소화계**라고 불러요. 마찬가지로, 혈액 순환과 관

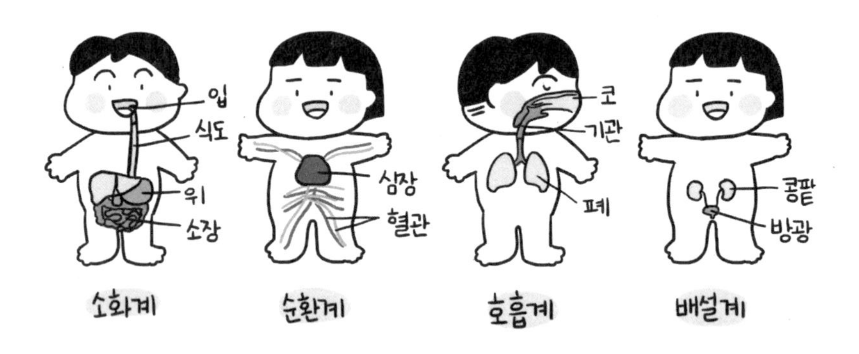

련된 심장, 혈관 등의 기관을 묶어서 **순환계**라고 해요. 호흡과 관련된 폐, 기관, 기관지 등의 기관을 묶어서 **호흡계**라고 하고, 노폐물의 배설과 관련된 콩팥, 오줌관, 방관 등의 기관을 묶어서 **배설계**라고 하지요.

이처럼 유기적으로 연관되어 기능을 수행하는 많은 기관계가 모여 비로소 온전한 하나의 독립된 **개체**가 되는 것이에요. 사람도 이와 같은 단계로 이루어졌답니다.

생물의 유기적 구성 단계
세포 ➡ 조직 ➡ 기관 ➡ 기관계 ➡ 개체

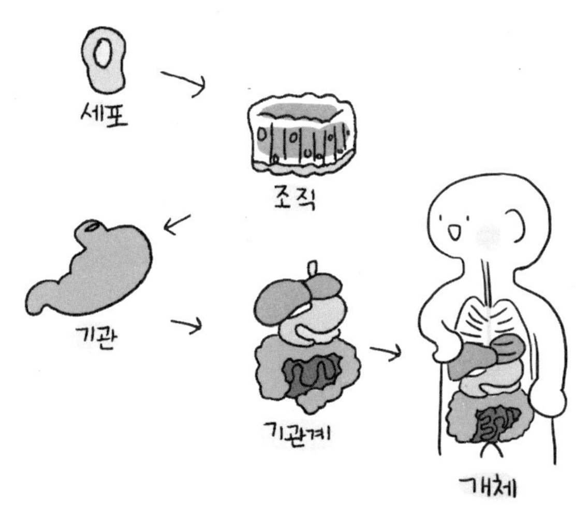

▲ 생물의 유기적 구성 단계

개념체크

1 동물의 유기적 구성 단계에서 모양과 기능이 비슷한 세포가 모여 있는 단계는?
2 몇 개의 기관이 모여 유기적 기능을 수행하는 단계는?

답 1. 조직 2. 기관계

08 영양소

골고루 잘 먹어야 튼튼해!

여러분은 어떤 음식을 가장 좋아하나요? 피자, 햄버거, 떡볶이, 순대, 불고기? 각자 좋아하는 음식들이 있을 거예요. 우린 왜 음식을 먹을까요? 단지 맛을 즐기기 위해서일까요?

영양소

우리가 매일 음식을 먹는 이유는 생명 유지에 필요한 에너지를 얻기 위해서예요. 우리 몸은 아주 작은 크기의 세포가 무수히 모여서 다양한 기관들을 이루고 있어요.

소화를 담당하는 위, 혈액의 순환을 담당하는 심장, 호흡을 담당하는 폐 등의 우리 몸속 기관들은 제 기능을 잘하기 위해 **에너지**를 필요로 한답니다. 그리고 이러한 에너지는 우리가 매일 먹는 음식물을 통해 얻을 수 있지요. 음식 속에는 우리 몸을 구성하고, 우리가 움직이고 생장하는 데 필요한 에너지를 만드는 물질들이 있는데, 이것을 **영양소**라고 해요.

우리가 먹는 음식물 속에는 다양한 영양소가 들어 있어요. 영양소를 크게 구분하면, 몸에 흡수되었을 때 에너지를 만들어 내는 영양소와 에너지를 만들지는 못하지만 몸의 여러 기능을 도와주는 영양소로 나눌

수 있어요. 우리가 잘 아는 탄수화물, 단백질, 지방은 몸에 흡수되면 세포에서의 호흡 작용을 통해 에너지를 만드는 영양소예요. 이 영양소들이 만든 에너지는 체온을 유지할 뿐 아니라 우리가 여러 가지 활동을 하는 데 사용돼요. 이처럼 탄수화물, 단백질, 지방은 우리 몸에 꼭 필요한 중요한 영양소이므로, **3대 영양소**라고 불러요.

3대 영양소
탄수화물, 단백질, 지방 ➡ 에너지를 만드는 중요한 영양소

영양소의 이용

3대 영양소는 우리가 먹는 다양한 음식에 포함되어 있어요. 탄수화물은 우리가 즐겨 먹는 쌀, 빵, 국수, 감자에 들어 있고, 단백질은 고기, 생선, 달걀, 콩 등에 많아요. 지방은 식용유, 버터, 땅콩, 깨 등에 많이 들어 있어요.

음식물을 통해 우리 몸으로 들어온 영양소는 종류에 따라 다양하게 이용돼요. **탄수화물**은 **주 에너지원**으로 사용되고, 사용하고 남은 탄수화물은 지방으로 바뀌어서 우리 몸에 저장돼요. 따라서 탄수화물을 지나치게 많이 먹으면 비만이 될 수도 있어요.

단백질은 에너지원으로도 이용되지만, 우리 몸을 구성하는 중요한 영양소로, 우리 몸의 세포나 근육을 만드는 데 이용돼요. **지방**은 우리 몸의 피부를 구성하고 에너지원으로도 사용되지요.

에너지원으로는 사용되지 않지만 우리 몸의 기능을 조절하기 위해 필요한 영양소 3종류도 알아볼까요? 바로 바이타민, 무기염류, 물이에요. **바이타민**은 신선한 과일이나 채소에 많이 들어 있어요. 바이타민에는 면역을 길러서 감기를 예방하는 바이타민 C, 눈의 피로를 덜어 주는 바

이타민 A 등 여러 가지가 있어요. **무기염류**는 뼈나 이를 구성하는 칼슘과 인과 같은 성분으로, 멸치나 버섯 등에 많이 포함되어 있어요. 우리 몸의 약 66 %를 차지하는 **물**은 우리 몸을 구성하는 중요한 부분이며 여러 가지 물질을 운반하는 역할을 해요.

영양소의 검출

음식물에 어떤 영양소가 들어 있는지 어떻게 알 수 있을까요? 영양소 검출이라는 방법으로 확인할 수 있어요.

우선, 탄수화물 중에서 녹말과 포도당을 확인하는 방법을 살펴볼까요? 녹말은 옅은 갈색을 띠는 **아이오딘-아이오딘화 칼륨 용액**을 떨어뜨리면 청람색으로 변하는 것을 통해서 녹말임을 확인할 수 있어요. 다른 영양소는 아무런 반응이 없지만, 녹말에서만 색이 변하기 때문이지요. 그리고 포도당은 하늘색의 **베네딕트 용액**을 떨어뜨리고 가열하면 황적색으로 변하는 것을 통해서 찾아낼 수 있답니다. 이때 가열하지 않아도 반응이 일어나지만, 빠른 반응을 보기 위해서 가열해 주는 것이지요.

단백질은 5 % 수산화 나트륨 수용액과 1 % 황산 구리(Ⅱ) 수용액을 합한 하늘색의 **뷰렛 용액**을 떨어뜨리면 보라색으로 변하는 것을 통해 확인할 수 있어요. 지방은 **수단Ⅲ 용액**을 떨어뜨리면 선홍색으로 변하는 것을 통해서 확인할 수 있답니다.

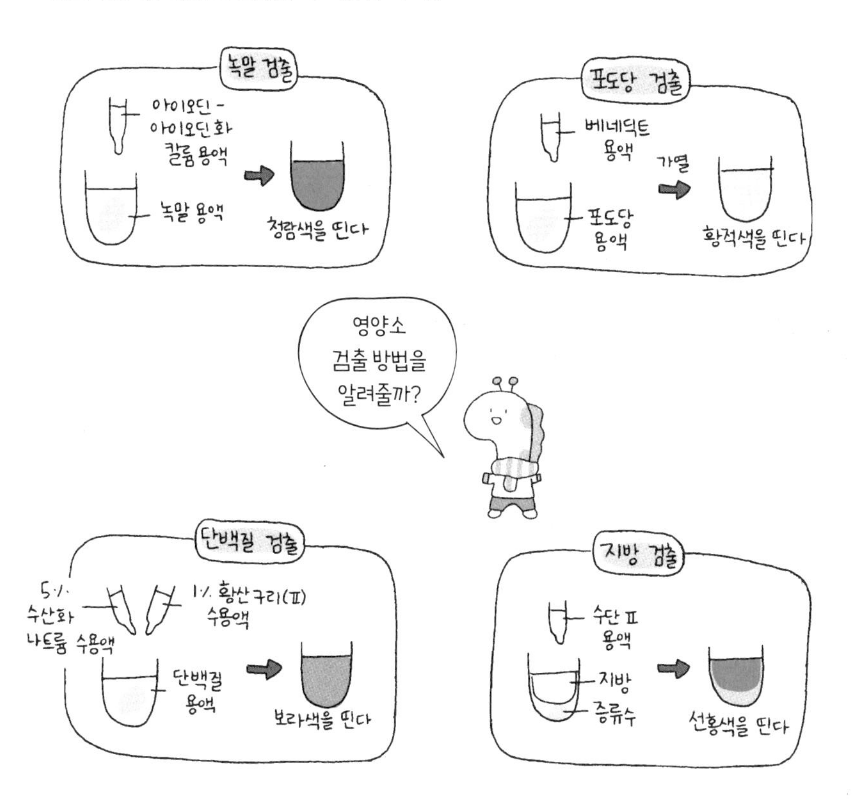

개념체크

1 우리 몸에서 에너지가 되는 영양소는?

2 포도당을 검출할 수 있는 시약은?

답 **1. 탄수화물, 단백질, 지방 2. 베네딕트 용액**

탐구 STAGRAM

영양소 검출하기

Science Teacher

① 쌀 음료수를 A, B, C, D 네 개의 시험관에 조금씩 넣는다.

② A에는 아이오딘-아이오딘화 칼륨 용액을, B에는 뷰렛 용액을 넣고, C에는 수단 Ⅲ 용액을 넣는다. 그리고 D에는 베네딕트 용액을 넣고 가열한다.

③ 식용유와 우유도 쌀 음료수와 같은 과정의 실험을 한 후, 시험관 안의 색깔 변화를 관찰한다.

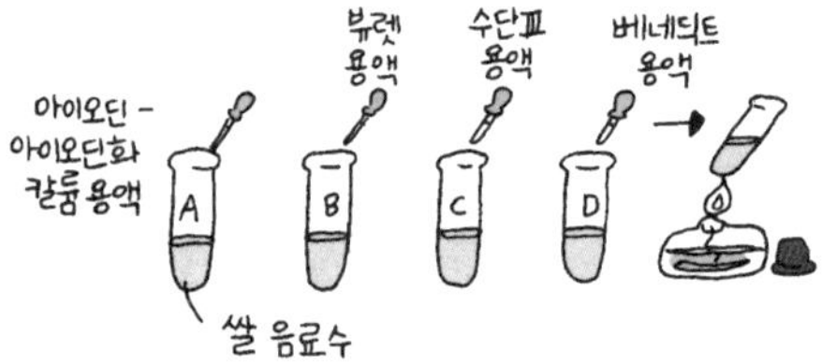

#아이오딘-아이오딘화칼륨용액 #수단Ⅲ 용액 #베네딕트용액 #뷰렛용액

실험에서 베네딕트 용액을 넣고 가열하는 이유는 무엇인가요?

반응 속도를 빠르게 하기 위해서예요. 베네딕트 용액을 넣고 가열하면 반응 속도가 빨라져 더 빠르게 관찰할 수 있어요.

시험관 용액에서 일어나는 변화와 이것으로 알 수 있는 것은 무엇인가요?

쌀 음료수는 아이오딘-아이오딘화 칼륨 용액에서 청람색으로 변하고, 우유는 뷰렛 용액에서 보라색으로 변해요. 또, 식용유는 수단Ⅲ 용액에서 선홍색으로 변하지요. 실험 결과의 색깔 변화를 통해 쌀 음료수에는 녹말, 우유에는 단백질, 식용유에는 지방이 포함되어 있음을 알 수 있어요.

새로운 댓글을 작성해 주세요. 등록

이것만은!

- 아이오딘 반응에서 청람색으로 변한 쌀 음료수에는 녹말이 들어 있다.
- 뷰렛 반응에서 보라색으로 변한 우유에는 단백질이 들어 있다.
- 수단Ⅲ 용액에서 선홍색으로 변한 식용유에는 지방이 들어 있다.

09 소화

통과하려면 더 작게! 더 작게!

갈비나 불고기를 요리할 때 키위즙을 넣고 고기 양념을 하는 경우가 많아요. 이것은 키위즙이 고기 속의 성분을 분해하여 고기를 연하고 부드럽게 만들어 주기 때문이에요. 그런데 이러한 일이 우리 몸 안에서도 일어나고 있다면 어떨까요?

소화의 의의

우리는 음식물을 통해 탄수화물, 단백질, 지방 등의 영양소를 섭취해요. 이러한 영양소가 우리 몸에서 이용되려면 우리 몸의 아주 작은 세포 안으로 쉽게 흡수되어야 해요.

영양소가 세포 안으로 흡수되려면 먼저 세포의 세포막을 통과해야 해요. 그러나 우리가 먹은 음식물 속의 영양소들은 덩치가 너무 커서 세포막을 통과하지 못해요. 작은 바늘구멍에 굵은 털실을 끼우려고 하면 잘 안 되는 것과 같은 상황이에요. 따라서 음식물에 들어 있는 영양소가 세포막을 통과하여 세포 안으로 흡수되기 위해 작게 분해되는 과정이 필요한데, 이것을 **소화**라고 해요. 우리 몸에서 소화 기능을 담당하는 기관계를 **소화계**라고 불러요. 사람의 소화계에는 입, 식도, 위, 소

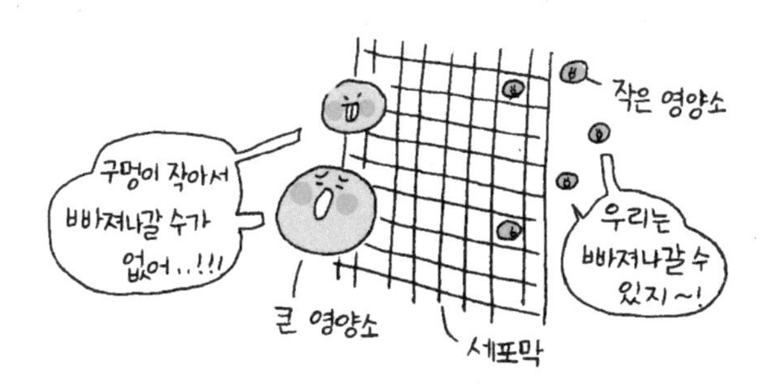

장, 대장, 간, 쓸개, 이자 등이 포함되어 있어요. 보통 우리가 먹은 음식물은 입을 통해 식도를 거쳐 위, 소장, 대장을 따라 이동하면서 음식물 속의 영양소가 소화되는데, 이렇게 음식물이 지나는 기관을 **소화관**이라고 해요.

> **소화**
> 음식물 속의 영양소가 세포로 흡수되기 위해 작게 분해되는 과정

과학 선생님 @Biology

Q. 소화관과 소화 기관은 같은 말인가요?

소화관과 소화 기관은 다른 말이에요. 소화관은 음식물이 몸을 따라 소화되기 위해 이동하는 관을 뜻해요. 소화 기관은 소화관을 포함한 소화와 관계된 모든 기관을 말해요. 따라서 쓸개, 이자처럼 소화관은 아니지만 소화에 관여하는 모든 기관을 포함해서 소화 기관이라고 한답니다.

소화관은 # 음식물이_지나는_기관

입에서의 소화

우리가 먹는 음식물 중에서 무기염류, 바이타민, 물은 크기가 작아서 먹으면 바로 흡수돼요. 하지만 덩치가 큰 영양소인 녹말, 단백질, 지방은 반드시 소화 과정이 필요해요. 음식물이 소화되어 세포에 흡수되려면 눈에 보이지 않을 정도의 매우 작은 크기로 분해되어야 해요. 그러기 위해서는 여러 번의 소화 과정을 거쳐야 한답니다.

소화의 시작은 **입**이에요. 음식을 먹으면 먼저 입에서 음식물을 씹어서 작게 부수잖아요. 어른들이 "꼭꼭 씹어 먹어."라고 말씀하시는 것은 첫 번째 소화를 잘하기 위해서예요. 하지만 씹는 것만으로는 영양소를 충분히 작게 쪼갤 수 없어요. 고기에 키위즙을 뿌리면 고기가 부드러워지는 것처럼 영양소의 분해를 촉진하는 물질이 있어야 해요. 이러한 물

질을 **소화 효소**라고 하지요. 이러한 소화 효소는 한 종류의 영양소만 분해한다는 특징이 있어요. 침 속에는 녹말을 분해하는 소화 효소인 아밀레이스가 들어 있는데, **아밀레이스**는 입 속으로 들어온 음식물 속의 영양소 중에서 녹말을 작은 크기의 엿당으로 분해해요.

소화의 과정

입에서 어느 정도 소화된 음식물은 식도를 거쳐 위에 도달해요. 위에 음식물이 들어오면 위액이 분비되면서 음식물과 섞이게 되지요. 위액은 마치 소화제처럼 음식물을 작게 분해해 주는 물질이에요. 위액 속에는 단백질을 소화시키는 **펩신**이라는 소화 효소가 들어 있어요. 펩신은 위에 들어온 음식물 중에서 단백질만 분해해요.

분해가 어느 정도 완료되면 음식물이 소장으로 내려가요. 소장은 매우 길어서 늘이면 약 7 m나 된다고 해요. 이렇게 긴 소장을 지나는 동안 음식물은 마침내 세포에 흡수될 정도의 작은 크기로 분해돼요.

그런데 이렇게 완전히 분해되려면 소화액이 많이 필요하겠지요? 따라서 소장에서 분비되는 장액과 함께 소장 옆에 있는 이자에서 만들어진 **이자액**과 간에서 만들어진 쓸개즙이 소장으로 흘러나와서 소화를 도와줘

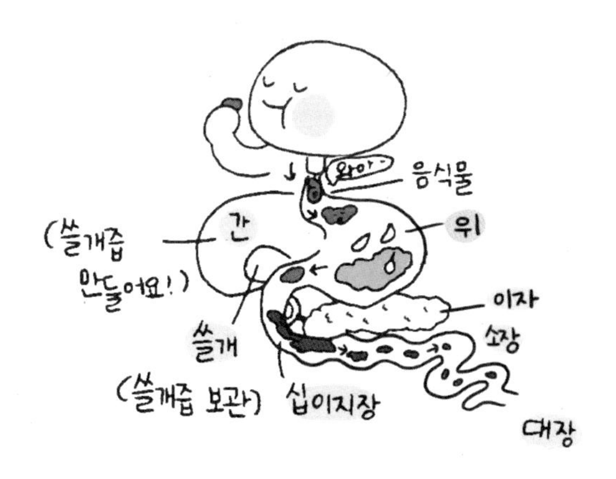

요. 결국 음식물은 길이가 긴 소장을 지나는 동안 많은 소화액의 도움으로 완전히 분해되는 것이에요. 특히 지방은 소장에서 처음이자 마지막으로 아주 작은 크기로 분해돼요. 소장으로 들어온 지방은 **이자액 속의 라이페이스**라는 소화 효소에 의해서 분해되는데, 이때 추가로 쓸개즙의 도움을 받아요.

최종적으로 정리하면, 우리 입으로 들어온 음식물 속의 덩치가 큰 영양소인 녹말, 단백질, 지방은 식도를 지나 위, 소장을 거치면서 녹말은 아주 작은 **포도당**으로, 단백질도 아주 작은 **아미노산**으로 분해가 돼요. 또, 지방은 **지방산**과 **모노글리세리드**로 분해가 돼요.

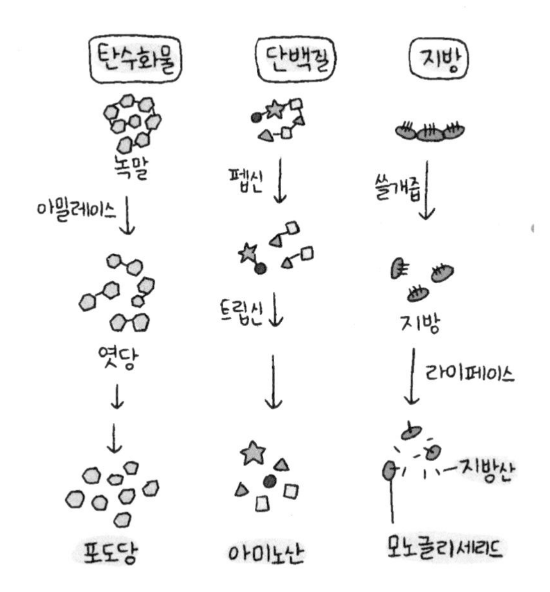

소화된 영양소의 흡수

우리가 먹은 음식물 속 영양소를 아주 작게 분해하였으니 이제 흡수할 일만 남았네요. 흡수는 바로 소장에서 일어나요. 작게 분해된 영양소는 소장의 안쪽 벽을 이루는 세포의 세포막을 통과하여 흡수돼요.

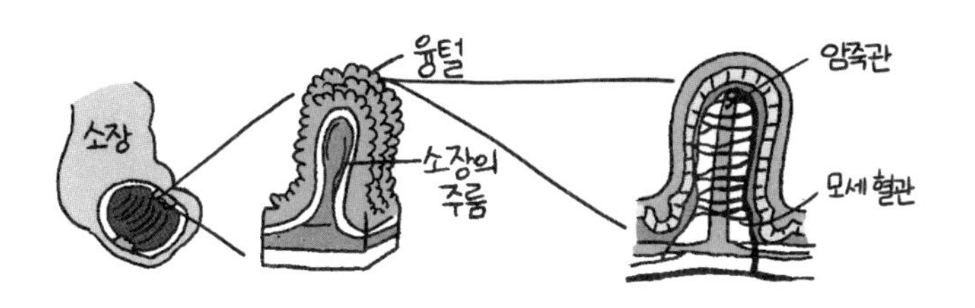

소장의 안쪽 벽은 주름져 있고, 주름 표면에는 수많은 돌기가 있는데, 이러한 돌기를 **융털**이라고 해요. 최종적으로 소화되어 아주 작게 분해된 영양소는 융털을 이루는 세포를 통과하여 체내로 흡수돼요. 융털 속에는 모세 혈관과 암죽관이 분포되어 있어 각각 흡수되는 영양소가 달라요. 즉, 포도당과 아미노산, 무기염류 등과 같이 물에 잘 녹는 영양소는 **모세 혈관**으로 흡수되고, 지방산, 모노글리세리드 등과 같이 물에 잘 녹지 않는 영양소는 **암죽관**으로 흡수돼요. 이렇게 소화되어 흡수된 영양소는 몸의 각 부분에 전달되어 사용되지요. 소장에서는 소화와 흡수가 함께 일어난다는 사실을 잘 기억해 두세요.

과학 선생님 @Biology

Q. 먹는 족족 모두 분해시켜 흡수하나요?

아니에요. 소장에서 흡수되고 나서도 남는 찌꺼기는 대장으로 가요. 대장에서는 수분만 흡수되고 나머지는 항문을 통해 빠져나오지요. 그런데 대장이 건강하지 못하면 수분이 지나치게 많이 흡수되어서 변비로 고생하기도 하고, 반대로 수분이 흡수되지 않아서 설사가 나오기도 해요.

소화과정 # 찌꺼기는 대장을 거쳐 항문으로!

개념체크

1 소화된 영양소가 흡수되는 곳은?

2 최종적으로 분해되어 흡수되는 영양소는?

답 1. 소장의 융털 2. 포도당, 아미노산, 지방산, 모노글리세리드

쌤의

탐구 STAGRAM

침의 소화 작용 실험

Science Teacher

① 시험관 A~D에 각각 녹말 용액을 넣고, 시험관 A와 C에는 증류수를, 시험관 B와 D에는 침 용액을 각각 넣은 후, 37 ℃의 물이 담긴 비커에 4개의 시험관을 넣고 10분 정도 기다린다.

② 시험관 A, B에 아이오딘-아이오딘화 칼륨 용액을 떨어뜨려 색 변화를 관찰한다.

③ 시험관 C, D에 베네딕트 용액을 떨어뜨리고 뜨거운 물이 담긴 비커에 10분 정도 담아 둔 다음 색 변화를 관찰한다.

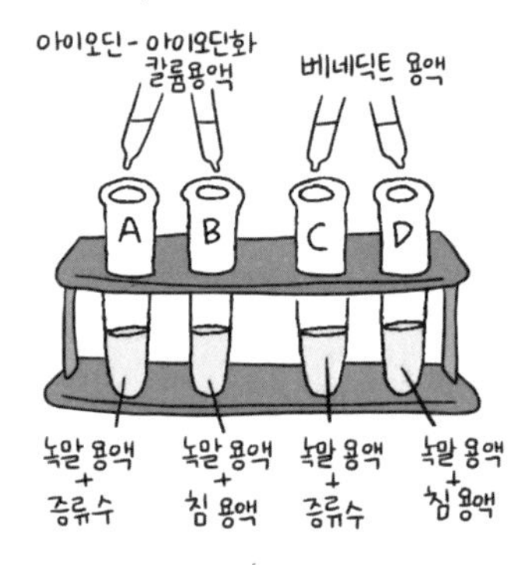

#침 #소화효소 #아이오딘 반응 #베네딕트 반응

시험관 A, B에서는 어떤 변화가 생기나요?

시험관 A는 증류수와 녹말이 반응하지 않아요. 즉, 녹말이 그대로 남아 있기 때문에 청람색으로 변해요. B에서는 녹말이 침에 의해 분해되어 색 변화가 없어요.

시험관은 C, D에서는 어떤 변화가 생기나요?

시험관 D에서는 침에 의해 녹말이 소화되어 엿당이 생성돼요. 그래서 C에서는 베네딕트 용액에 변화가 없고 시험관 D만 엿당과 반응한 베네딕트 용액이 황적색으로 변해요.

새로운 댓글을 작성해 주세요. 등록

이것만은!

- 침에 의해서 녹말이 소화되어 엿당이 된다.
- 침에 들어 있는 소화 효소는 37 ℃의 온도에서 작용한다.
- 베네딕트 용액은 포도당뿐만 아니라 엿당과도 반응하여 황적색으로 변한다.

10 순환

콩닥콩닥 심장이 뛰어!

대형마트나 시장에 가면 먼 곳에서 재배되는 과일이나 채소도 신선한 상태로 구입하여 먹을 수 있어요. 이것은 농촌과 도시를 연결하는 수많은 도로와 물건을 싣고 나르는 트럭과 같은 운반 시스템이 있기 때문이에요. 우리 몸에도 이러한 운반 시스템이 있어요. 무엇일까요?

순환계

우리가 생명을 유지하기 위해서는 우리 몸의 세포에 영양소와 산소를 끊임없이 공급해야 해요. 그리고 우리 몸속에도 영양소와 산소를 끊임없이 빠르게 운반해 주는 운반 시스템이 있어야 해요. 트럭이나 도로처럼 우리 몸속에서 물질을 운반하는 기능을 담당하는 기관들을 묶어서 **순환계**라고 해요.

사람의 순환계는 심장과 혈관, 혈액으로 이루어져 있어요. 혈관을 도로에, 혈액을 트럭에 비유해 볼까요?

우리 몸 전체에는 혈관이라는 길이 연결되어 있고, 혈액이 혈관을 흐르면서 우리 몸의 세포 하나하나에게 필요한 물질을 배달해요. 이때 혈액은 '피'라고도 부르죠. '피' 하면 가장 먼저 붉은색을 떠올리게 되죠? 붉은색을 띠는 적혈구가 혈액을 이루고 있어서 붉게 보이는 것이에요. 그렇다고 혈액이 적혈구 한 가지로만 이루어진 것은 아니에요. 혈액은 액체인 혈장과 고형 성분인 혈구로 나눌 수 있어요.

혈장은 여러 가지 물질이 녹아 있는 액체로, 혈관을 따라 혈액이 돌 때 혈장에 녹아 있던 영양소가 각 세포에게 전달돼요. 그리고 전달되는 과정에서, 세포에서 생성된 여러 가지 노폐물이나 이산화 탄소가 다시 혈장에 녹아 몸 밖으로 내보내져요. 즉, 혈장은 영양소, 노폐물, 이산화 탄소를 싣고 운반하는 트럭이라고 볼 수 있어요.

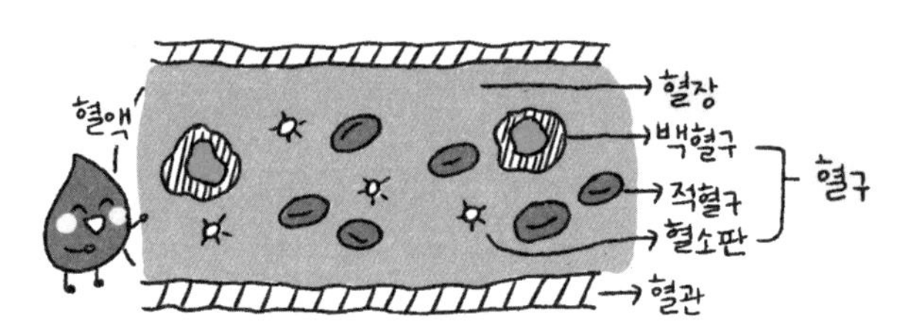

혈액의 구성

혈액 ➡ 혈장 + 혈구(적혈구, 백혈구, 혈소판)

혈장: 액체 / 혈구: 고형 성분

혈액 속의 **혈구**는 적혈구, 백혈구, 혈소판으로 이루어져 있어요. 각각 생김새와 크기도 다르고 하는 일도 다르지요. 먼저 적혈구는 산소를 나르고 운반하는 일을 하고, 백혈구는 몸으로 들어온 세균을 잡아먹는 일을 해요. 혈소판은 상처가 났을 때 딱지를 생성해 출혈을 멈추게 하는 안전 요원 역할을 한답니다.

혈액의 역할

- 혈장 ➡ 영양소, 노폐물, 이산화 탄소 운반
- 혈구 ➡ 적혈구(산소 운반), 백혈구(식균 작용), 혈소판(혈액 응고, 출혈 방지)

심장과 혈액의 순환

실제 우리 몸 안에 퍼져 있는 혈관을 한 줄로 이으면 그 길이가 어느 정도 될까요? 지구를 세 바퀴 정도 감을 만큼 길다고 해요. 그렇다면 이렇게 긴 혈관을 따라 혈액이 계속 흐를 수 있게 하려면 혈액을 밀어주는 펌프 역할을 하는 기관이 필요하겠지요? 그것이 바로 심장이에요.

왼쪽 가슴에 손을 대보면 콩닥콩닥하고 뛰는 것을 느낄 수 있을 거예요. 이것은 심장이 혈액을 힘차게 내보내고, 들어오게 하면서 신나게 펌프의 역할을 하고 있기 때문이에요. 자, 그럼 심장의 구조부터 알아볼까요?

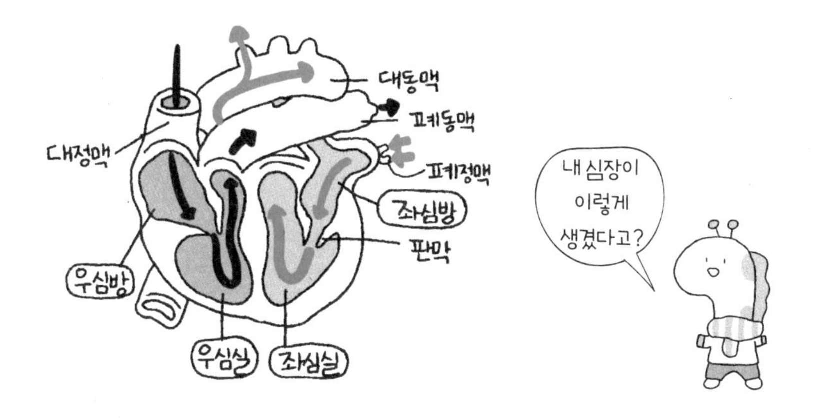

심장 구조에서 잘 기억해야 하는 곳은 우심방, 우심실, 좌심방, 좌심실이에요.

심방으로는 혈액이 들어오고, 심실에서는 혈액이 나가는데, 혈액이 들어오면 불룩하게 늘어났다가 나갈 때는 홀쭉해지면서 혈액을 힘차게 밀어내는 것이랍니다. 그것을 우리는 심장 박동으로 느끼는 것이지요.

이때 **정맥**은 심장으로 들어오는 혈액이 흐르는 혈관이고, **동맥**은 심장에서 나가는 혈액이 흐르는 혈관이에요.

심장과 연결된 동맥을 통해서 나갔던 혈액이 정맥을 통해서 들어오는데, 이 동맥과 정맥은 사람의 몸 안에서 서로 만난답니다. 바로 두 혈관 사이를 연결해 주는 **모세 혈관**이 있기 때문이지요.

모세 혈관에 혈액이 흐를 때, 혈액 속의 산소를 조직 세포에 주고, 조직 세포에서 생긴 노폐물이나 이산화 탄소는 혈액 속으로 받아 오는 것이에요.

결국 몸의 중심에 심장을 두고서, 심장의 좌심실에서 나가는 산소를 많이 포함한 혈액은 대동맥을 통해서 온몸으로 나가고, 모세 혈관을 지나면서 온몸에 산소를 나누어 준답니다. 그리고 다시 몸에서 생긴 이산화 탄소를 혈액이 받아서 대정맥을 통해서 심장의 우심방으로 들어오게 되는 것이에요. 이렇게 온몸을 돌고 오는 순환을 **온몸 순환**이라고 불러요.

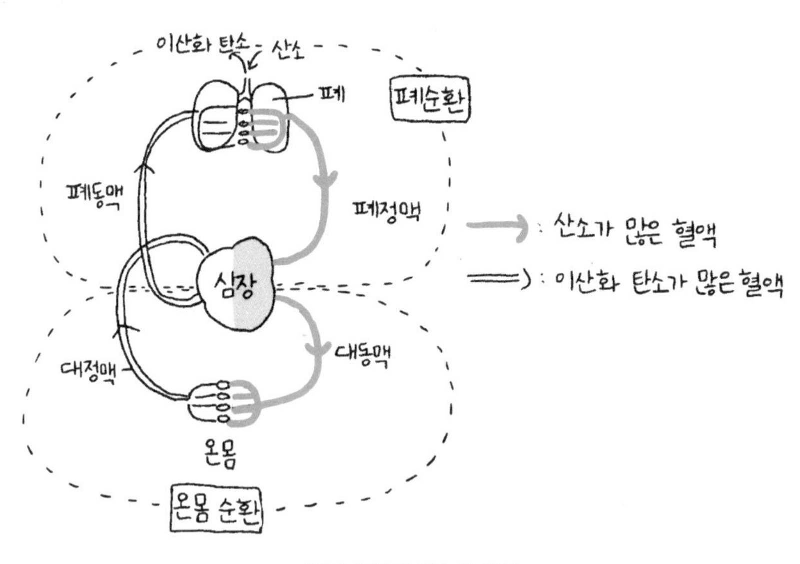

▲ 온몸 순환과 폐순환 경로

이때 우심방으로 들어온 혈액 속에는 버려져야 하는 이산화 탄소가 많으므로 이산화 탄소를 버리기 위해 폐로 다시 출발해요. 일단은 혈액이 우심실로 내려가고, 바로 폐동맥을 통해서 폐를 감싸고 있는 모세 혈관까지 이동하는 것이에요.

모세 혈관은 폐를 이루는 **폐포**라는 아주 얇은 주머니가 닿아 있으므로 혈액 속의 노폐물은 폐로 건너가고, 폐에 많았던 산소는 혈액 속으로 들어오면, 마침내 산소를 많이 가진 혈액이 되어 폐정맥을 통해서 좌심방으로 들어가는 것이지요. 이러한 순환을 **폐순환**이라고 불러요.

이렇게 폐순환이 완료되면 혈액에는 다시 산소가 많아지겠죠? 그러면 이 산소를 다시 온몸의 세포에 전해주기 위해서 혈액은 좌심실로 내려와서 대동맥을 거쳐 다시 온몸을 도는 온몸 순환을 한답니다. 결국 온몸 순환과 폐순환이 반복되면서, 혈액은 온몸 순환으로 세포 하나하나에게 산소를 공급하고, 폐순환을 통해 폐로부터 산소를 공급받는 순환을 하는 것이지요.

개념체크

1 혈액의 역할을 바르게 연결하시오.

(1) 적혈구 • • ㉠ 식균 작용

(2) 백혈구 • • ㉡ 산소 운반

(3) 혈장 • • ㉢ 혈액 응고

(4) 혈소판 • • ㉣ 영양분과 노폐물 운반

2 우리 몸에서 혈액을 이동시키는 기관은?

답 1. (1)-㉡, (2)-㉠, (3)-㉣, (4)-㉢ 2. 심장

탐구 STAGRAM

혈액 관찰 실험하기

Science Teacher

① 손가락 끝을 찔러 혈액 한 방울을 받침 유리 위에 떨어뜨린 후 덮개 유리로 혈액을 밀어 얇게 편다.

② 혈액 위에 메탄올을 떨어뜨리고 말린 후 김사액을 떨어뜨려 염색하고, 물에 2~3번 헹군 후 현미경으로 관찰한다.

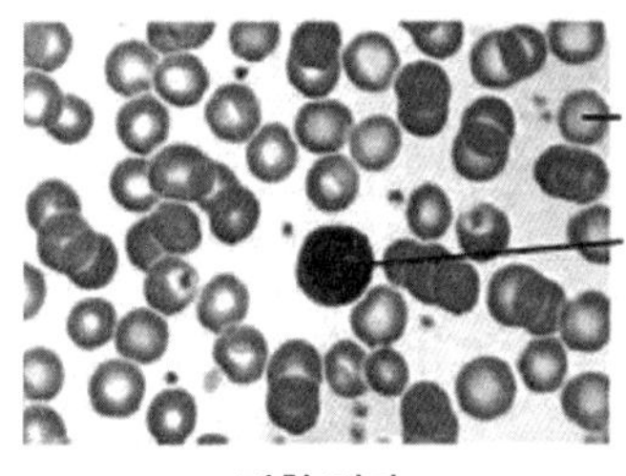

▲ 관찰 결과

혈액 # 적혈구 # 백혈구 # 혈소판

실험에서 가장 많이 관찰되는 혈구는 무엇인가요?

적혈구예요. 적혈구는 핵이 없고 둥근 원반 모양이에요.

백혈구는 어떻게 보이나요?

백혈구는 김사액에 의해 염색되어 보라색으로 보이는데, 적혈구보다 크기가 더 크고, 핵의 모양도 다양해요.

혈소판은 왜 관찰이 안 되나요?

혈소판은 핵이 없어 염색이 잘 되지 않고, 크기가 작고 공기와 접촉하면 파괴되므로 관찰하기가 어려워요.

새로운 댓글을 작성해 주세요. 등록

- 혈구의 핵은 김사액에 의해서 보라색으로 염색된다.
- 백혈구는 핵이 있고 적혈구와 혈소판은 핵이 없다.

11 호흡

숨쉬기를 멈출 순 없어!

100 m 달리기를 해 본 적이 있나요? 한참을 뛰어 결승점에 도착하면 숨이 가쁘면서 더 빨리, 더 많이 숨을 쉬어야 했던 경험이 있을 거예요. 힘든 운동을 하면 숨이 가빠지는 이유는 무엇일까요?

호흡

우리 몸은 힘든 운동을 할수록 더 많은 에너지를 필요로 해요. 숨 쉬는 것과 에너지는 무슨 관계가 있을까요? 바로 숨을 쉴 때, 우리 몸속으로 들어온 산소가 몸 안에 있는 영양소를 산화시켜서 에너지를 만들어 내요. 즉, 산소가 영양소를 태워 우리 몸속의 세포에 필요한 에너지를 만들어 내는 것이에요. 이것이 바로 우리가 **호흡**을 하는 이유예요.

우리는 숨을 들이마시기도 하고 내뱉기도 해요. 이것을 일반적으로 호흡이라고 해요. 이때 들이마시는 기체와 내뱉는 기체는 같을까요?

들숨 때는 산소를 몸 안으로 받아들이고, 날숨 때는 몸속에서 생겨난 이산화 탄소를 몸 밖으로 내뱉어요. 우리 몸의 어느 기관을 거쳐 숨이 들어오고 나가는지 살펴볼까요?

우리 몸의 호흡계

호흡과 관련된 몸속 기관들을 묶어서 **호흡계**라고 해요. 공기가 가장 먼저 들어가는 코는 콧속의 점액과 털로 공기 중의 먼지나 세균 등을 걸러 주어요. 어느 정도 깨끗해진 공기는 코를 거쳐 기관을 지나게 돼요. 기관의 안쪽 벽에는 가는 털인 섬모가 많이 분포하고 있어서 공기 속의 먼지나 세균을 한 번 더 걸러 주어요. 공기 청정기 같은 역할을 한다고 볼 수 있지요. 기관을 통과한 공기는 기관지를 지나 마침내 폐로 들어가요.

폐는 아주 얇아서, 풍선처럼 쉽게 터질 수도 있어요. 그래서 갈비뼈와 횡격막에 싸여서 보호받고 있지요. 폐는 풍선처럼 텅 빈 구조가 아니라 아주 작은 폐포로 가득 차 있어요.

폐포는 모세 혈관으로 둘러싸여 있어서, 기체를 서로 주고받는 곳이에요. 폐포는 기관지 끝에 포도송이 모양을 하고 있어서 공기와 접촉하는 표면적이 넓어 기체 교환을 더 효율적으로 할 수 있게 해요.

과학 선생님 @Biology

Q. 표면적이 넓어야 기체 교환이 잘 되나요?

놀이 공원에서 표를 살 때, 매표소가 하나면 줄을 길게 서야 하고, 시간도 오래 걸리지만 매표소가 많으면 더 빠르게 표를 살 수 있겠죠? 이처럼 폐도 수많은 폐포로 이루어져 있어 모세 혈관과 만나 기체를 교환할 수 있는 면적이 넓어지는 것이죠. 그래서 훨씬 빠르게 기체를 교환할 수 있는 것이에요.

#폐포_표면적이_넓으면_좋아 #호흡은_기체_교환

호흡 운동의 원리

공기는 어떻게 폐 속으로 들어갔다가 나올까요? 폐는 근육이 없으므로 스스로 늘어났다 줄어들었다 할 수 없어요. 따라서 폐는 공기가 드나들기 위해 폐를 감싸고 있는 갈비뼈와 횡격막의 도움을 받아야 해요.

숨을 들이쉴 때는 갈비뼈가 올라가고 횡격막이 내려가면서 가슴 속의 부피가 커져 폐의 부피도 커지게 되는 것이에요. 이때 폐 내부 압력이 외부의 대기압보다 작으므로 외부의 공기가 폐 속으로 들어오지요. 이와 반대로, 숨을 내쉴 때는 갈비뼈가 내려가고 횡격막이 올라가면서 가슴 속의 부피가 작아져서 폐의 부피가 작아지게 돼요. 이때 폐 내부 압력이 외부의 대기압보다 커지므로 폐 속의 공기가 밖으로 빠져 나가요.

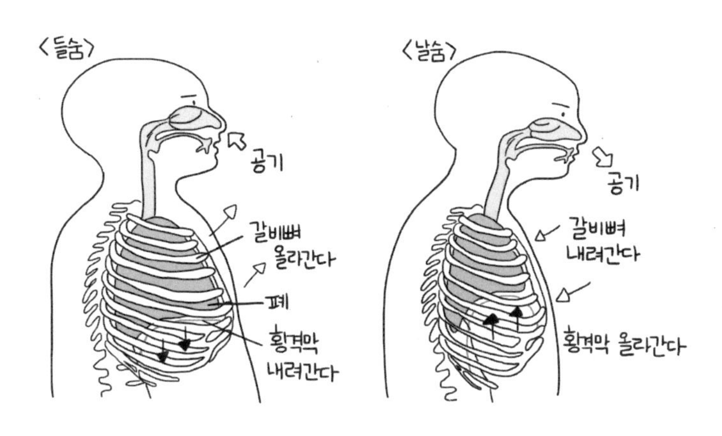

기체의 교환

폐 속으로 들어온 공기는 폐포와 모세 혈관 사이에서 기체 교환이 일어나요. 그런데 사실은 기체가 교환되는 장소가 두 곳이에요.

첫 번째 기체 교환은 폐포와 모세 혈관 사이에서 일어나요. 폐 속으로 들어온 공기 중의 산소는 폐포에서 모세 혈관으로 이동하고, 모세 혈관에서는 이산화 탄소를 폐포에 건네주면서 기체 교환이 일어나요. 이때 폐포가 받은 이산화 탄소는 다시 날숨으로 외부로 빠져나오게 되는 것이에요.

이제 산소가 많아진 혈액이 심장을 거치면서 온몸에 퍼져 있는 모세 혈관에 도달하게 되면서 기체 교환이 한 번 더 일어나요. 조직 세포 사이에 퍼져 있는 모세 혈관에서 조직 세포로 산소가 전달되고, 조직 세포는 산소를 이용해서 영양소를 산화시켜 에너지를 만들어요. 에너지를 만들 때 생성된 이산화 탄소를 조직 세포가 모세 혈관의 혈액에 건네주면서 기체 교환이 다시 일어나는 것이에요. 이 혈액은 다시 폐포의 모세 혈관으로 가서 기체 교환을 통해서 이산화 탄소를 버리고 산소를 공급받아요. 이런 과정은 계속 반복돼요.

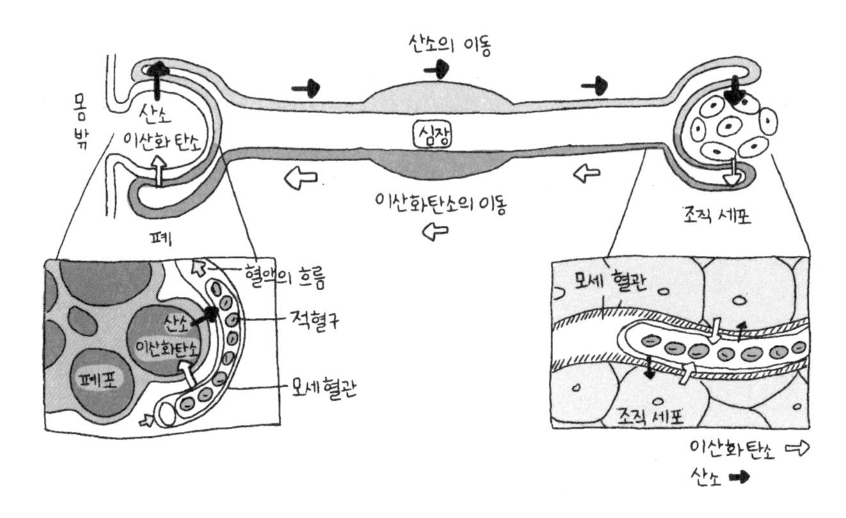

결국, 숨을 들이마실 때 폐로 들어 온 산소는 혈액을 통해서 조직 세포까지 전달되고, 다시 조직 세포에서는 소화계에서 흡수해 준 영양소를 산화시켜서 에너지를 만들 때 산소를 사용해요. 그리고 이때 나온 노폐물인 이산화 탄소가 다시 혈액을 통해서 폐포로 전달된 후에 후~ 하는 날숨 때 몸 밖으로 빠져나오게 되는 것이에요.

호흡이란 단순히 숨을 들이쉬고 내뱉는 것이 아니라 체온을 유지나 운동하거나 생활하는 데 필요한 에너지를 만드는 일과 관계가 있음을 알 수 있지요.

개념체크

1 폐는 수많은 ( )로 이루어져 있어 공기와 닿는 ( )이 넓어 기체 교환에 효율적이다.

2 사람이 호흡하는 가장 중요한 목적은?

답 1. 폐포, 표면적 2. 에너지를 얻기 위해서

12 배설

내 몸 안 쓰레기를 청소하는 날!

음식을 만들거나 먹고 나면 꼭 음식물 쓰레기가 나오죠? 버리기 귀찮다고 쌓아 두면 집에서 고약한 냄새가 나 참기 힘들 거예요. 우리 몸도 먹기만 하고 배설하지 않으면 노폐물이 계속 쌓이겠지요. 우리 몸에 쌓인 노폐물은 어떻게 버려야 할까요?

배설

우리 몸에서는 필요한 에너지를 만들고 나면 찌꺼기인 노폐물이 반드시 생겨요. 이러한 노폐물을 몸 바깥으로 버려야 되는데, 이를 **배설**이라고 해요. **배설은 우리 몸속의 세포가 산소를 이용해 영양소를 분해하여 에너지를 만드는 과정에서 생긴 노폐물을 몸 밖으로 내보내는 과정이에요.** 어떤 **노폐물**이 우리 몸에서 생겨날까요?

우리가 먹은 음식물 속 영양소 중에서 에너지를 만들 수 있는 영양소는 탄수화물, 단백질, 지방이에요. 이 **영양소가 세포 속에서 산소를 만나면 산화되어서 에너지를 만드는데, 이때 찌꺼기인 노폐물이 생성되는** 것이에요. 탄수화물, 지방에서는 이산화 탄소와 물이, 단백질에서는 이산화 탄소, 물뿐만 아니라 암모니아라는 노폐물도 만들어져요.

이렇게 에너지가 만들어지는 과정에서 생긴 이산화 탄소, 물, 암모니아와 같은 물질은 몸 밖으로 버려야 하는 것이에요. 이산화 탄소는 호흡하는 과정에서 폐로 운반되어 날숨과 함께 공기 중으로 배출되지요. 그리고 일부의 물도 수증기의 형태로 빠져나가요. 하지만 대부분의 물은 오줌이나 땀의 형태로 몸 밖으로 나온답니다.

암모니아는 어떻게 배출될까요? 암모니아는 다른 물질과 달리 독성이 강해요. 따라서 암모니아는 만들어지자마자 일단 독성부터 줄이기 위해서 간으로 가서 독성이 덜한 **요소**라는 물질로 바뀐 다음, 오줌이 되어 몸 바깥으로 배설되지요. 결국, 우리 몸에서 세포가 호흡하고 에너지를 만드는 과정에서 생성된 부산물, 즉 노폐물을 오줌과 같은 형태로 내보내는 것을 배설이라고 하는 거예요.

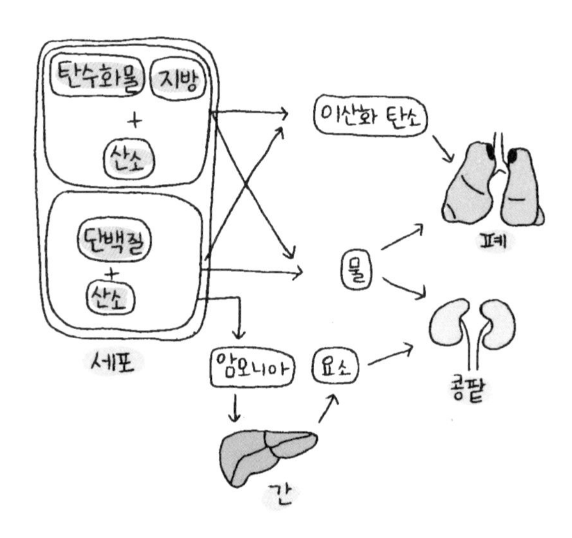

▲ 노폐물의 배출

과학 선생님 @Biology

Q. 물은 우리 몸이 필요로 하는 것인데, 왜 노폐물이라고 해요?

아무리 중요해도 필요한 양보다 더 많은 양이 우리 몸속에 있다면 몸의 평형이 깨져서 오히려 건강에 안 좋아요. 따라서 물이 몸속에 필요 이상으로 많이 있으면 몸 밖으로 내보내야만 해요.

물은_중요해 # 넘치는_건_안_좋아!

배설계

배설계는 콩팥, 오줌관, 방광, 요도, 땀샘 등의 배설 기관으로 이루어져 있어요. 먼저 콩팥은 오줌을 만드는 기관으로, 강낭콩 모양에 팥색을 띠고 있어요. 아기 주먹 정도의 크기로 허리 뒤쪽에 각각 한 개씩 있지요. 콩팥에서 만들어진 오줌은 오줌관을 따라 방광으로 내려가고, 방광에서는 오줌을 저장하고 있다가 일정한 양 이상이 되면 요도를 통해 몸 밖으로 내보내요.

콩팥은 매우 복잡한 구조를 가지고 있어요. 우선, 가장 바깥쪽에 콩팥 피질이 있는데, 이곳에는 수많은 사구체와 보먼 주머니로 이루어진 말피기 소체가 분포하고 있어요. 피질 안쪽에는 콩팥 수질이 있고, 여기에 세뇨관이 분포되어 있어요. 노폐물이 사구체와 보먼 주머니, 세뇨관을 지나면서 혈액 속의 요소가 빠져나와서 오줌이 되는 것이에요. 따라서 이 세 곳을 오줌을 만드는 기본 단위라고 해서 **네프론**이라고 불러요. 네프론은 콩팥에 아주 많이 있답니다.

오줌을 만드는 기본 단위
네프론 = 사구체 + 보먼 주머니 + 세뇨관

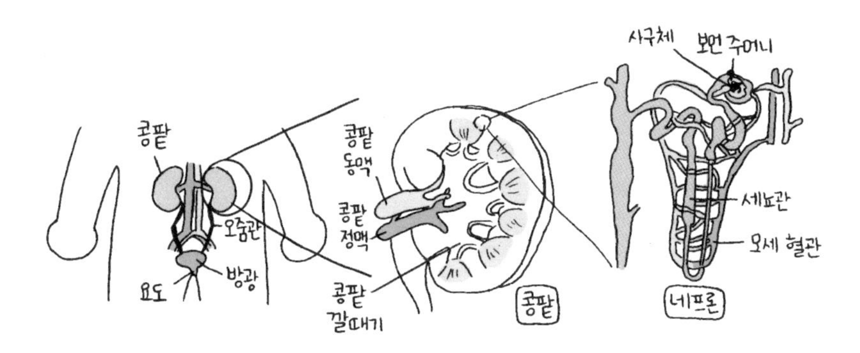

오줌의 생성과 배설

네프론에서 오줌이 만들어지고 배설되는 과정을 더 자세히 알아볼까요?

먼저, 콩팥 동맥을 통해서 콩팥으로 들어온 요소를 포함한 혈액은 콩팥 동맥과 연결된 사구체로 들어가요. 이때 혈액 속에 있던 크기가 작은 물질은 사구체의 보먼 주머니 쪽으로 이동하는데, 이를 **여과**라고 해요. 여기서 혈액 속의 혈구나 단백질은 크기가 커서 여과되지 못하고 혈액 속에 그대로 남아 모세 혈관으로 이동해요. 그리고 요소, 포도당, 아미노산 등 크기가 작은 물질은 보먼 주머니 쪽으로 여과되어 세뇨관으로 이동하는데, 이를 여과액이라고 해요.

이어 여과액이 세뇨관을 흐르는 동안 혈액에 남아 있던 노폐물은 모세 혈관에서 세뇨관 쪽으로 이동하는데, 이것을 **분비**라고 해요. 분비와 동시에 여과액 속에 있던 포도당, 아미노산과 같이 몸에 필요한 물질은 세뇨관에서 모세 혈관으로 다시 흡수돼요. 이것을 **재흡수**라고 해요. 여과액은 분비와 재흡수를 거쳐 완전한 오줌이 되어 배설되는 것이에요. 정수기에서 물이 깨끗하게 걸러지는 것처럼, 노폐물이 포함된 혈액은 콩팥을 지나면서 걸러져 노폐물은 오줌이 되어 몸 밖으로 내보내지는 것이에요.

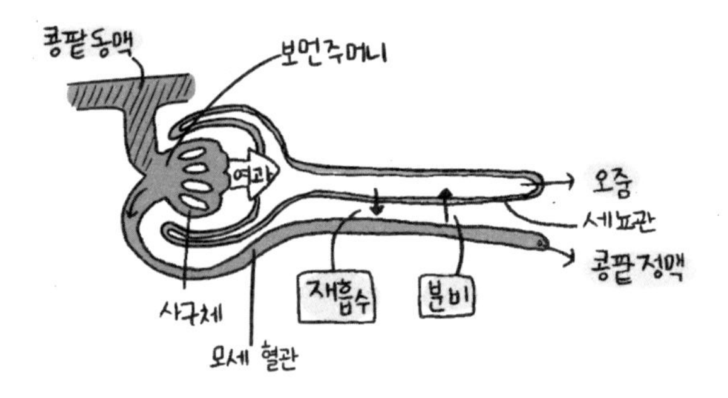

개념체크

1 오줌을 만드는 기본 단위인 네프론을 구성하는 세 가지는?

2 사구체로 들어간 물, 포도당, 아미노산 등이 보먼 주머니로 이동하는 것을 무엇이라고 하는가?

답 1. 사구체, 보먼 주머니, 세뇨관 2. 여과

13 감각 기관: 눈

눈에도 지문이 있다고?

내가 좋아하는 가수가 노래 부르고 춤추는 모습을 보면 어떤가요? 기분이 좋아지고, 노래도 따라 부르면서 열광하게 되지요. 이것은 가수를 보거나 노래를 듣는 과정에서 감각을 느끼고 있기 때문이에요. 이처럼 어떤 자극을 받아들이는 신체의 기관을 감각 기관이라고 해요. 눈에 대해 먼저 알아볼까요?

눈의 구조

눈은 물체를 볼 수 있게 하는 감각 기관이에요. 한밤중에 갑자기 정전이 되었을 때 순간적으로 아무것도 안 보였던 경험이 있나요? 그것은 바로 빛이 사라졌기 때문이에요. 우리 눈은 빛이라는 자극이 있어야 볼 수 있어요. 그렇다면 눈은 빛을 어떻게 받아들이는 걸까요? 눈의 구조에 그 비밀이 숨어 있어요.

우선, 우리 눈은 가장 바깥에서 보면 흰색의 공막이라는 것이 전체적으로 감싸고 있어요. 빛이 들어오는 앞부분은 공막과 연결된 투명한 각막으로 이루어져 있어요. 각막의 안쪽은 홍채로 이루어져 있고, 홍채의 가운데는 구멍이 뚫려 있는데 이곳을 동공이라고 해요.

동공의 바로 뒤쪽에는 정말 중요한 수정체가 있어요. 수정체는 투명한 볼록 렌즈와 같이 생겼으며, 수정체의 테두리 부분은 섬모체라는 근육이 붙잡고 있어요.

이제 수정체를 지나 눈의 안쪽을 보면 투명한 유리체가 가득 차 있어요. 마치 투명한 젤리 같은 것이 눈 안에 꽉 들어차 있다고 보면 되지요. 그리고 눈의 내부를 깜깜하게 만들어 주는 검은색의 맥락막이 공막 안쪽에 있어요.

자! 이제 망막이 보이네요. 망막은 시각 세포가 분포하고 있어서 빛을 감지하는 곳이에요. 이러한 눈의 구조를 이용해서 우리가 어떻게 물체를 보게 되는 것일까요?

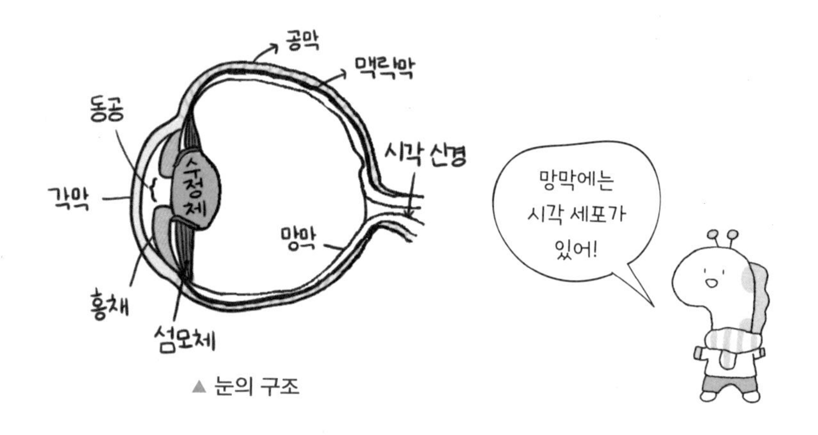

▲ 눈의 구조

물체로부터 오는 빛이 투명한 각막을 지나 동공을 통해서 볼록한 모양의 렌즈인 수정체를 통과하면 빛이 모여서 유리체를 지나 망막에 닿는 거예요.

망막에는 시각 세포가 있어서 빛이라는 자극을 받아들이고 시각 신경을 통해 대뇌까지 정보를 전달하면 대뇌가 물체가 어떤 모습인지를 정리해서 볼 수 있게 되는 것이지요.

극장에 가면 뒤쪽에서 영상이 빛으로 나오고, 이것이 스크린에 맺히면 영화를 볼 수 있는 것과 같은 원리예요. 즉, 망막이라는 스크린에 빛이 맺혀서 물체를 볼 수 있는 것이지요.

눈으로 보는 과정(시각의 전달 경로)

빛 ➡ 각막 ➡ 동공 ➡ 수정체 ➡ 유리체 ➡ 망막(시각 세포) ➡ 시각 신경 ➡ 대뇌

눈의 조절 작용

단지 물체를 보는 것을 떠나 물체를 정확하고 선명하게 보기 위해서는 눈으로 들어오는 빛의 양도 적당해야 하고, 물체와의 거리도 잘 조절되어야 해요. 눈이 어떻게 빛의 양과 멀고 가까운 정도를 조절할 수 있을까요?

우리는 너무 밝은 곳에 있으면 눈이 부셔서, 또 너무 어두운 곳에서는 희미해서 물체를 잘 볼 수 없어요. 이처럼 눈으로 들어오는 빛이 너무 많거나 적지 않고, 적당해야 잘 볼 수 있는데, 이것을 조절하는 곳이 바로 **홍채**예요.

그림에서와 같이 밝은 곳에서는 홍채가 늘어나면서 동공의 크기가 줄어들어 눈으로 들어오는 빛의 양을 줄여 주어요. 반면에 어두운 곳에서는 홍채가 수축하면서 동공의 크기가 늘어나 들어오는 빛의 양이 늘어나요.

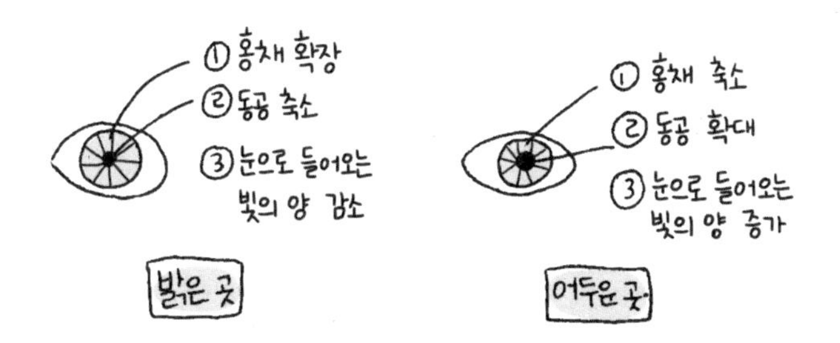

그렇다면 물체가 가까운 곳에 있을 때와 멀리 있을 때의 우리 눈을 조절하는 원근 조절은 어떻게 이루어질까요? 바로 **수정체**의 두께로 조절돼요.

가까운 곳에서 들어오는 빛은 많은 양이 넓게 들어오므로 수정체가 두꺼워야 초점이 잘 맞아요. 따라서 가까운 곳의 물체를 볼 때는 수정체의 양쪽에 붙어 있는 섬모체가 수축되면서 수정체가 두꺼워져요.

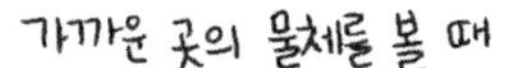

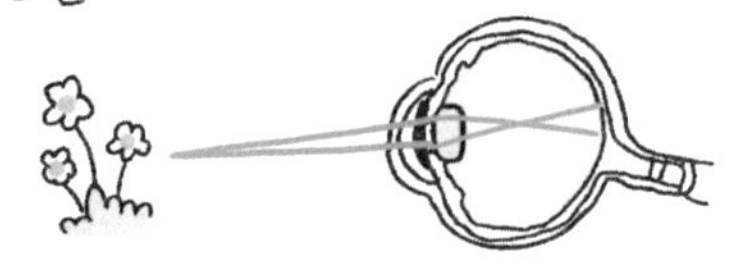

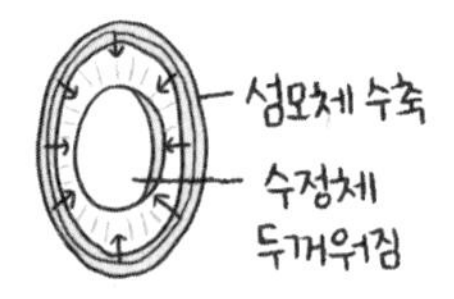

먼 곳의 물체를 볼 때

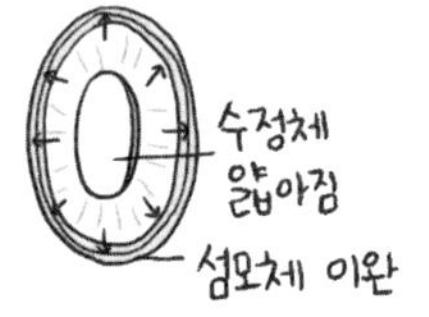

반대로 먼 곳에서 들어오는 빛은 적은 양이 좁게 들어오므로 수정체가 얇아야 초점이 잘 맞아요. 먼 곳의 물체를 볼 때는 섬모체가 늘어나면서 수정체가 얇아지게 되어 물체를 잘 볼 수 있게 되는 것이에요.

과학 선생님 @Biology

왜 눈은 1개가 아닌 2개나 필요한 거죠?

그것은 바로 물체와의 거리가 어느 정도인지 정확하게 파악하기 위해서예요. 두 눈을 뜬 상태로 끝이 뾰족한 연필 두 자루의 끝을 맞대어 보면, 잘 맞댈 수 있죠? 이번엔 한쪽 눈을 감고 두 연필 끝을 다시 맞대어 보세요. 잘 안되지요? 이것은 물체의 거리가 물체와 두 눈 사이의 각도에 의해 인식되기 때문이에요. 눈이 2개여야 물체의 거리가 정밀하게 파악되어 두 물체를 맞댈 수 있는 거예요.

#눈은 1개로는 #안돼 #눈이 2개여야 #물체와의 거리를 #알_수_있어

개념체크

1 눈의 구조에서 시각 신경이 분포하고 있는 곳은?

2 어두운 방에서 불을 켜면 눈의 (　　)가 늘어나면서 (　　)이 작아진다.

답 1. 망막 2. 홍채, 동공

14 감각 기관: 귀, 코, 혀, 피부

향기도 좋고 맛도 좋은 과일이 먹고 싶어!

우리는 생활하면서 여러 가지 소리를 들어요. 친구들의 웃음소리, 자동차 소리, 음악 소리, 아침마다 듣는 알람 소리 등. 우리들이 이렇게 소리를 들을 수 있는 것은 감각 기관인 귀가 있기 때문이에요. 귀를 비롯한 다양한 감각 기관을 알아볼까요?

귀의 구조와 기능

소리는 물체가 공기 중에 만든 진동에 의해서 전달되는 파동이에요. 그래서 음파라고도 해요. 쉽게 말하면 소리는 공기의 흔들림에 의해 전달되는 것이에요.

예를 들어, 우리가 '아' 하고 소리를 낸다고 해 볼까요? 이때 목에 손을 갖다 대면 목청이 떨리는 것을 느낄 수 있어요. 이것은 소리가 만들어질 때의 흔들림, 즉 진동이 일어나면서 주변의 공기를 흔들기 때문이에요. 그리고 이 공기의 진동이 **귀**로 들어와서 소리를 느낄 수 있게 되지요. 소리를 듣는 과정을 귀의 구조와 연결해서 알아볼까요?

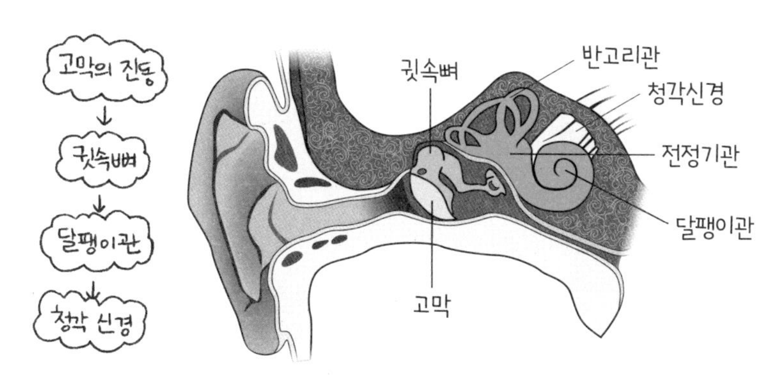

▲ 귀의 구조

귀의 구조에서 가장 눈여겨봐야 하는 곳은 **고막**과 **달팽이관**이에요. 공기의 흔들림, 즉 진동이 귓구멍을 통해서 들어오면 아주 얇은 막인 고막이 흔들려요. 이 흔들림은 고막 뒤쪽의 귓속뼈에서 더 크게 증폭되어 달팽이관에 도달해요. 달팽이관에는 청각 세포가 분포하고 있어서 소리 자극을 받아 대뇌로 전달해요. 이런 과정을 거쳐서 우리가 소리를 들을 수 있는 것이에요.

과학 선생님 @Biology

Q. 귓속뼈에서 증폭된다는 말이 무슨 뜻인가요?

자전거 뒤에 깡통 3개를 달고 달린다고 생각해 볼까요? 그냥 달릴 때보다 깡통을 매달고 달리면 소리가 많이 나겠지요? 고막이 진동할 때에도, 귓속뼈들이 진동을 더 세게 더 많이 하는 것을 소리가 증폭된다고 한답니다.

동네사람들! # 여기서 # 소리가 # 나요! # 귓속 # 소리증폭기 # 귓속뼈

귀는 청각 이외에도 다른 감각을 가지고 있어요. 바로 평형 감각이에요. 걸어가다가 무언가에 걸려 넘어지려고 할 때, 몸의 기울어짐을 느낀 적이 있나요? 또, 회전하는 놀이기구를 탔을 때 내가 회전하고 있다고 느낀 적이 있나요? 이러한 감각이 바로 평형 감각이에요.

평형 감각을 느끼는 곳은 바로 귀의 반고리관과 전정 기관이에요. 귀의 구조에서 달팽이관의 위쪽에 있어요. 귀의 가장 안쪽에 위치하고 있는 고리 모양의 **반고리관**에는 서로 다른 방향의 회전 자극을 받아들이는 감각 세포가 있어요. 이 때문에 반고리관에 이상이 생기면 현기증이 오거나 몸의 균형을 잡는 것에 문제가 생겨요. 반고리관 아래에 있는 **전정 기관**에는 기울기 자극을 받아들이는 감각 세포가 분포하고 있어 우리 몸의 수직, 수평 방향의 움직임을 감지하여 우리 몸이 균형을 유지할 수 있게 해요. 따라서 전정 기관에 이상이 생기면 어지럼증을 느낄 수 있어요. 즉, 귀로 받아들인 자극이 전정 기관과 반고리관의 평형 감각 신경을 통해 대뇌로 전달되어 우리 몸이 회전하는지 기울어지는지를 느낄 수 있는 것이에요.

코의 구조와 기능

냄새를 내는 기체 물질이 공기 중으로 퍼져나가다가 코를 자극하면 우리가 냄새를 느끼게 되는 것이에요. 냄새라는 자극을 받아들이는 과정을 코의 구조와 함께 알아볼까요?

코의 구조에서 자극을 받아들이는 곳은 코 안쪽 **천정의 후각 상피**를 이루는 후각 세포라는 곳이에요. 냄새를 가진 기체 물질이 콧속으로 들어와서 코 안쪽 천정의 후각 상피에 닿으면 **후각 세포** 하나하나가 자극을 받아들여요. 이 자극을 후각 신경이 대뇌로 전달하여 냄새를 느끼게 되는 것이에요.

후각은 모든 감각 중에서 가장 예민해요. 따라서 우리는 냄새를 매우 빠르게 잘 느끼지만 예민한 만큼 금방 피로해지면서 나중에 잘 느끼지 못하고 무뎌지는 특징이 있어요. 예를 들면, 어디에선가 진한 향수 냄새가 나면 처음에는 금방 "어? 무슨 냄새지?"하며 불쾌하게 느끼다가도 시간이 지나면 금방 무뎌져서 냄새에 익숙해져 무뎌져요.

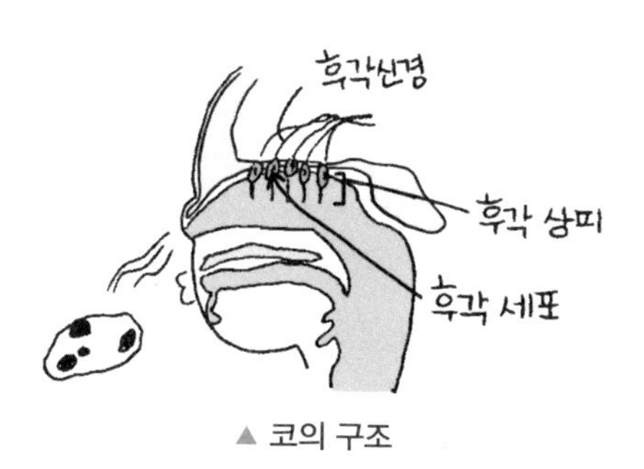

▲ 코의 구조

혀의 구조와 기능

맛을 느끼는 감각 기관인 **혀**에 관해서 알아볼까요? 혀를 꼼꼼히 살펴보면 오돌토돌한 돌기가 많이 나 있는 것을 알 수 있어요. 돌기 사이사이의 안쪽 벽에는 맛봉오리가 있는데, 이곳에는 **맛세포**가 많이 분포하고 있어요. 우리가 먹은 음식물이 부서져서 침에 녹아 액체 상태가 되어 맛세포에 도달하면, 이 자극이 대뇌까지 전달되면서 맛을 느끼게 되는 것이에요.

이렇게 느끼게 되는 기본적인 맛의 종류에는 짠맛, 단맛, 쓴맛, 신맛, 감칠맛의 5가지 맛이 있어요.

감칠맛은 어떤 음식을 먹었을 때, 입맛에 맞는 맛있는 맛, 즉 "아~~ 맛있다."라고 느끼는 맛이에요. 예를 들어, 갈비구이나 된장찌개 같은 것을 먹었을 때 입에 착 감기는 맛, 그것이 바로 감칠맛이에요.

그럼 "매운맛은 기본 맛이 아닌가요?"라고 질문할 수 있겠죠? 매운맛은 기본 맛이 아니라 혀가 아픈 느낌이 만든 피부 감각이에요. 즉, 피부에서 느끼는 통증 같은 것이지요.

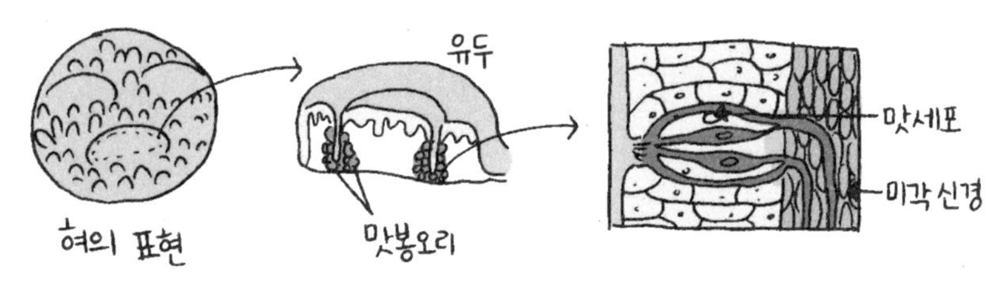

▲ 혀의 구조

피부의 구조와 기능

우리는 **피부**를 통해서 차가움과 따뜻함, 부드러움과 딱딱함을 구분할 수 있어요. 또한, 가시나 주삿바늘에 찔리면 아픔도 느낄 수 있어요. 이처럼 피부가 다양한 자극을 받아들일 수 있는 것은 피부에 여러 가지 감각점이 분포하기 때문이에요.

감각점에는 촉점, 압점, 통점, 냉점, 온점 등이 있고, 각각 서로 다른 종류의 자극을 받아들여요. 촉점은 가벼운 접촉을 느끼지만, 강하게 누르는 느낌은 압점에서 받아들이고, 냉점에서는 차가움, 온점에서는 따뜻함을 느껴요. 통점에서는 우리가 베이거나 다치게 될 때 느끼는 아픔을 자극으로 받아들여요.

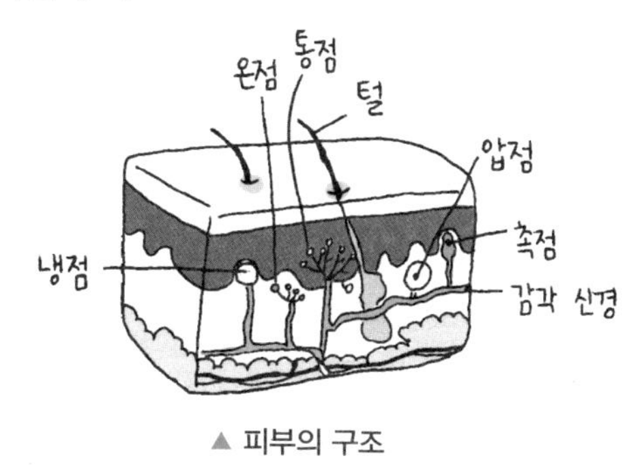

▲ 피부의 구조

감각 기관

- 귀(청각): 소리의 자극을 달팽이관의 청각 세포가 받아들임
- 코(후각): 기체 물질의 자극을 후각 상피의 후각 세포가 받아들임
- 혀(미각): 액체 물질의 자극을 맛봉오리의 맛세포가 받아들임
- 피부(피부 감각): 여러 가지 자극을 촉점, 압점, 통점, 온점, 냉점 등의 감각점에서 받아들임

개념체크

1 자극을 받아들이는 세포와 그 자극원을 바르게 연결하시오.

(1) 청각 세포 •   • ㉠ 진동(소리)
(2) 맛세포 •   • ㉡ 기체 물질
(3) 후각 세포 •   • ㉢ 액체 물질

2 5가지 기본 맛은?

답 1. (1)-㉠, (2)-㉢, (3)-㉡ 2. 짠맛, 단맛, 신맛, 쓴맛, 감칠맛

15 뉴런과 신경계

신경은 컴퓨터에 달려 있는 전선과 같아!

우리가 컴퓨터로 보고서를 작성할 때 만약 키보드로 친 내용이 모니터에 나타나지 않는다면 어떨까요? 당황하면서 키보드가 컴퓨터 본체에 잘 연결되어 있는지, 이상은 없는지 확인할 거예요. 우리 몸도 컴퓨터와 같이 서로 잘 연결되어 있어야 해요.

신경계

우리는 살면서 다양한 외부 환경의 변화를 겪게 되지요. 우리 몸은 이러한 외부에서 오는 자극을 잘 전달하고, 이에 대한 대처 명령을 잘 판단해야 건강하게 살아갈 수 있어요.

예를 들어, 길을 걷는데 자동차가 나를 향해 다가오는 것이 보이면, "어? 피해야겠다."라고 판단하고 몸을 움직여서 피하지요. 이것은 외부 환경에 반응한 자극이 뇌로 전달되면서 뇌가 판단하고 운동 기관에 명

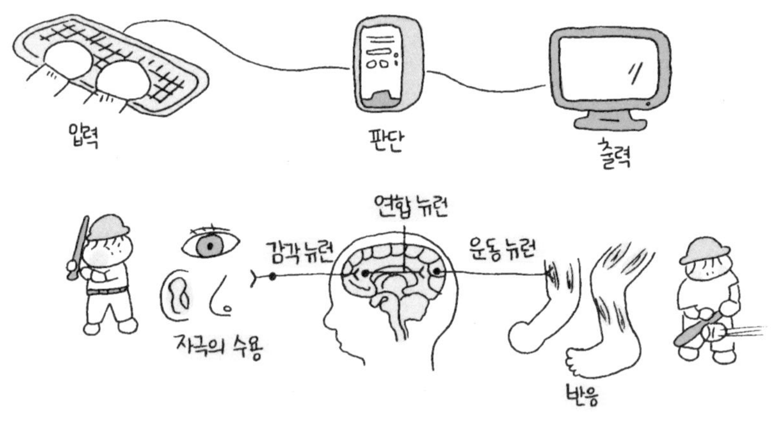

▲ 컴퓨터와 우리 몸의 반응 비교

령을 잘 전달하였기 때문이에요. 이렇게 되려면 자극을 전달하고, 명령을 전달하는 모든 과정이 잘 연결되어 있어야 해요.

컴퓨터에서 본체, 키보드, 모니터가 전선으로 잘 연결되어야 컴퓨터가 잘 작동하듯이 우리 몸에서는 신경계가 그 역할을 하고 있어요. **신경계는 자극을 전달하고, 자극을 판단하여 적절한 반응이 나타나도록 신호를 보내는 체계예요.**

뉴런

신경계는 많은 신경 세포로 이루어져 있는데, 이러한 신경 세포를 **뉴런**이라고 해요.

뉴런은 다른 일반적인 세포와 달리 신경 세포체와 이를 중심으로 퍼져 있는 가지 돌기와 뒤쪽으로 길게 뻗은 축삭 돌기로 구성되어 있어요. 가지 돌기가 외부에서 자극을 받아들이면, 이 자극이 축삭 돌기를 지나서 또 다른 뉴런의 가지 돌기로 전달되는 구조예요. 즉, 줄줄이 사탕처럼 뉴런이 연결되면서 신경계가 온몸에 퍼져 있어요.

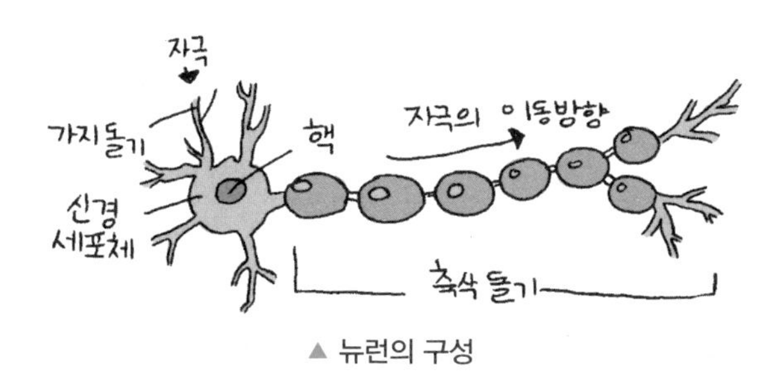

▲ 뉴런의 구성

신경계는 어떤 부분을 연결하고, 어떤 일을 하느냐에 따라 감각 뉴런, 연합 뉴런, 운동 뉴런의 3종류가 있어요.

감각 뉴런은 눈이나 코, 귀 등의 감각 기관에서 받은 자극을 뇌로 전달하는 역할을 하고, **운동 뉴런**은 뇌의 명령을 운동 기관에 전달하는 역할을 해요.

연합 뉴런은 감각 뉴런과 운동 뉴런을 연결하면서 자극을 해석하고 판단한 후, 명령을 내리는 역할을 해요. 우리가 잘 아는 뇌가 바로 수많은 연합 뉴런으로 이루어져 있는 신경계예요.

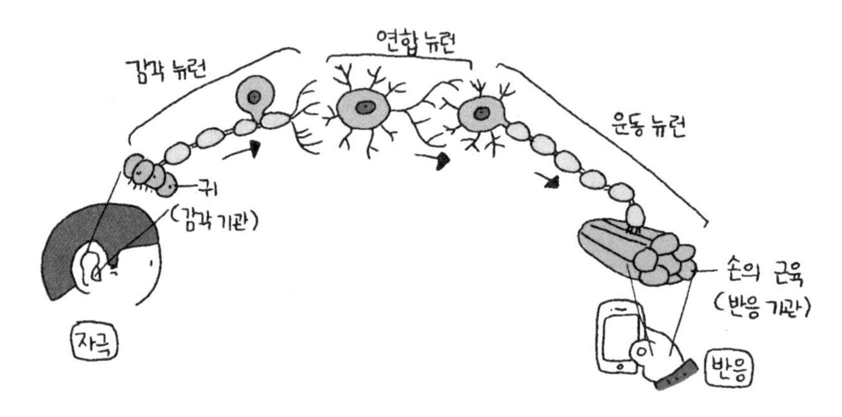

이러한 감각 뉴런, 연합 뉴런, 운동 뉴런은 몸속에 매우 많이 분포하고 있고, 또한 서로 긴밀하게 연결되어 있답니다. 마치 키보드를 연결하는 전선이 한 가닥만 있는 것이 아니라 여러 줄이 뭉쳐져서 연결되어 있는 것처럼 뉴런들이 모여 있는 것을 신경계라고 보면 돼요.

사람의 신경계

사람의 신경계는 맡은 역할에 따라 크게 **중추 신경계**와 **말초 신경계**

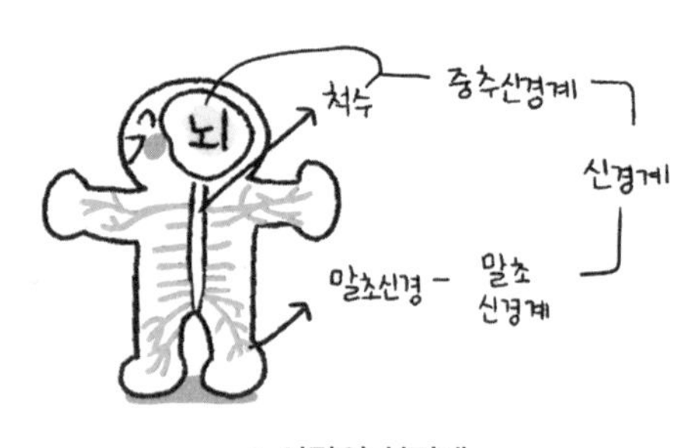

▲ 사람의 신경계

로 구분해요.

말초 신경계는 몸의 각 부분에 그물처럼 퍼져 있는 감각 신경과 운동 신경의 모임이예요. 주로 자극을 전달하거나 명령을 전달하는 기능을 담당하고 있어요.

반면, **중추 신경계**는 연합 신경들의 모임으로, 자극을 판단하여 적절한 명령을 내리는 중추적인 역할을 하는 신경계예요. 중추 신경계를 구성하는 뇌와 척수는 몸에서 일어나는 여러 가지 반응을 조절하고 통제하는 역할을 해요. 매우 중요한 역할을 하다 보니, 각각 역할을 나누어서 진행하고 있어요.

뇌는 기능에 따라 대뇌, 소뇌, 간뇌, 중간뇌, 연수로 구분해요.

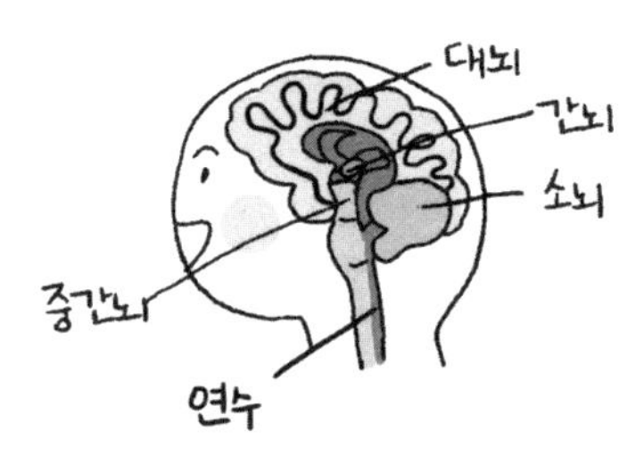

▲ 뇌의 기능에 따른 구분

대뇌는 가장 넓게 자리를 잡고 있으며 기억, 추리, 판단, 분석 등의 고등 정신 활동을 담당하고 있어요. 우리가 수학 문제를 풀고, 알고 있는 공식을 기억하고, 답을 추리해 내는 모든 과정에서 활발하게 사용되지요.

대뇌 뒤편 아래쪽에 있는 **소뇌**는 몸의 자세와 균형을 유지하는 일을 해요. 우리가 돌부리에 걸려 넘어지려고 할 때나 회전하는 놀이기구를 타서 어지러울 때 소뇌는 우리가 넘어지지 않도록 균형을 잡아 주지요.

대뇌 아래쪽의 **간뇌**는 우리 몸의 상태를 일정하게 유지해 주는 역할을 해요. 예를 들어, 체온이나 혈액 속의 혈당량은 일정하게 유지되어야 건강하게 살 수 있는데, 이러한 것이 일정하게 유지되도록 간뇌가 조절하고 있어요.

중간뇌는 뇌 구조의 한가운데에 위치해 있고, 눈에서 가깝지요? 따라서 눈동자를 굴리거나 동공의 크기를 조절하는 눈의 조절 작용을 담당하고 있어요.

연수는 생명 유지와 관련 있어요. 우리가 호흡을 하고, 혈액 순환을 위해서 심장이 콩닥콩닥 뛰고, 먹은 음식의 소화가 일어나게 하는 조절을 연수가 담당하고 있지요.

척추 안에 길게 분포하는 **척수**는 몸을 보호하기 위해 반사적으로 하는 행동을 조절해요. 예를 들어, 우리가 바늘에 찔리거나 가시에 찔릴 때 나도 모르게 손을 떼는 반사적인 행동은 척수가 운동 기관에 보낸 명령으로 인해 우리 몸이 반응하여 빠르게 대피하게 한 것이에요.

결국, 눈, 코, 피부 등의 감각 기관에서 받은 자극이 말초 신경계를 이루는 감각 뉴런을 통해 전달되면 중추 신경계에서는 자극에 대한 판단을 하고, 적절한 명령을 만들어 다시 말초 신경계를 이루는 운동 뉴런을 통해서 운동 기관까지 전달되면서 우리가 적절한 행동을 하게 되는 것이지요.

개념체크

1 신경계를 이루고 있는 많은 신경 세포를 무엇이라고 하는가?
2 눈이나 코, 귀 등의 감각 기관에서 받은 자극을 뇌로 전달하는 역할을 하는 신경 세포는?

답 **1. 뉴런 2. 감각 뉴런**

16 자극과 반응 경로

레몬을 보기만 해도 침이 고여!

우리는 신호등 불빛이 빨간색일 때는 건너지 않고, 초록색이 되면 주변을 살피면서 길을 건너요. 이러한 반응은 우리가 의식적으로 하는 것이에요. 그런데 뜨거운 물체에 손이 닿거나 날카로운 물건에 손이 찔리면 자신도 모르게 손을 빼고 움츠리죠? 이런 반응의 차이점은 무엇일까요?

자극에 대한 반응

우리는 살면서 다양한 경험을 해요. 새로운 친구를 만나기도 하고, 새로운 음식을 맛보기도 하죠. 이때 우리는 상황에 맞게 적절한 반응을 하게 되는데, 반응은 크게 **의식적인 반응**과 **무의식적인 반응**이 있어요. 어떤 상황에서 사람이 의식적으로 생각을 해서 판단하고 행동하게 되면 그것은 의식적인 반응이고, 미처 의식하기 전에 일어나는 반응은 무의식적인 반응이에요.

예를 들어, 축구 경기에서 골키퍼가 골대를 향해 날아오는 공을 보고, '이쪽에서 잡아야지.'라고 판단하여 몸을 공 쪽으로 움직이는 것은 생각하고 판단해서 움직이는 의식적인 반응이에요. 하지만 뜨거운 컵을 무심코 잡게 되었을 때는 어떤가요? 나도 모르게 '앗' 하고 컵을 놓아서 떨어뜨리게 되죠? 이것은 미처 의식하지 못한 사이에 일어나는 반응으로, 무의식적인 반응에 해당돼요. 다른 표현으로 무조건 반사라고도 하지요. 사실 무조건 반사는 본능적으로 재빠르게 일어나는 반사여서 위급한 상황에서 몸을 보호하는 데 도움이 돼요.

의식적인 반응에 비해서 무의식적인 반응인 **무조건 반사**는 반응 속도가 더 빨라요. 이러한 차이는 그 반응을 결정하는 중추 신경계가 무엇인가에 따라 달라요. 의식적인 반응의 경우는 신호등이 변할 때 빛이 눈으로 들어와서 시각 세포가 자극을 받고 시각 신경이 자극을 대뇌로 전달하여 대뇌가 판단하고 행동을 명령하게 돼요. 그 명령이 운동 신경을 통해 팔과 다리와 같은 운동 기관으로 전달되어 움직이면서 반응이 일어나는 것이에요.

하지만 무조건 반사는 뾰족한 곳에 찔리게 되면 자극이 대뇌에 도달하기 전에 **척수**가 피하라는 명령을 바로 하여 운동 기관이 바로 움직이므로 빠른 반응이 일어나게 되지요.

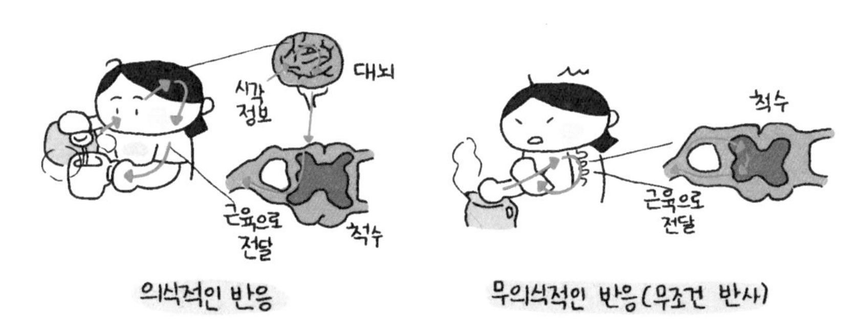

우리가 음식을 먹었을 때 입안에서 자동적으로 침이 나온다거나 어두운 곳에 가게 되면 눈 안의 동공이 자동으로 커진다거나, 코에 먼지가 들어가면 저절로 재채기가 나오는 것 등이 모두 무조건 반사예요.

무조건 반사의 중추 신경계는 침이나 재채기는 **연수**에서, 동공의 크기는 **중간뇌**에서 명령을 내리고 조절해요. 결국, 무조건 반사는 우리가 태어나면서 선천적으로 타고난 것이므로 저절로 나타나는 것이에요.

조건 반사

선천적으로 타고나지 않았지만 경험에 의해서 학습되어져 빠르게 반응하는 반사가 있어요. 바로 조건 반사에요. 이때는 대뇌가 관여하지만 반응이 빠르게 일어나요. **조건 반사**는 무조건 반사처럼 무의식적으로 나타나지만, 경험을 통해 학습된 반사라는 차이점이 있어요.

신맛이 강한 음식이 입에 들어오면 입안에서 자동으로 침이 나오는데, 이것은 소화시키고 살아가기 위해 선천적으로 타고난 반응인 무조건 반사예요. 그런데 지금 레몬을 떠올려 보세요. 입안에 침이 고였나요? 이것은 레몬을 먹었을 때 침이 많이 나왔던 경험이 우리의 대뇌에 기억되어 있다가 레몬을 상상만 해도 침이 나오는 반응을 하는 것이에요. 이러한 반응은 대뇌가 관여하고 있고, 또 학습에 의해서 만들어진 반응이어서 조건 반사에 해당돼요.

경험에 의해 학습되는 조건 반사는 우리가 주어진 상황에 더 빠르게 적응할 수 있도록 해요. 건널목의 빨간 신호등 앞에서 나도 모르게 걸음을 멈추게 되는 것도 바로 조건 반사 덕분이에요.

과학 선생님 @Biology

Q. 조건 반사가 학습에 의해 기억된다고요?

조건 반사를 실험을 통해 확인한 과학자가 있는데, 바로 러시아의 생리학자 파블로프예요. 개에게 먹이를 주면 침을 흘리게 되는데, 파블로프는 개에게 먹이를 주면서 항상 종소리를 함께 들려주었어요. 그랬더니 나중에는 먹이를 주지 않고 종소리만 들려주어도 개가 침을 흘리는 것을 알아냈어요. 즉, 먹이를 먹을 때마다 종소리를 들었던 것이 경험에 의해 학습되어, 먹이를 주지 않고 종소리만 들려주어도 반사적으로 침이 나오는 조건 반사가 만들어진 것이지요. 조건 반사를 찾아낸 파블로프는 노벨 생리 의학상을 수상했어요.

조건 반사는 학습되어진 거야! # 파블로프

개념체크

1 다음 | 보기 | 중에서 대뇌가 관여하지 않는 반응은?

| 보기 |

ㄱ. 조건 반사 ㄴ. 무조건 반사 ㄷ. 의식적인 반응

2 무의식적인 반응(무조건 반사)의 유리한 점은?

답 1. ㄴ 2. 위급한 상황에 빠르게 대처할 수 있다.

17 호르몬

몸속 기관에 보내는 러브레터!

기네스북에 기록된 세계에서 가장 키가 큰 사람은 누구일까요? 바로 1918년에 미국에서 태어난 로버트 퍼싱 와들로우랍니다. 그의 키는 무려 2 m 72 cm나 된다고 해요. 어떻게 해서 이렇게 키가 큰 것일까요?

호르몬

로버트 퍼싱 와들로우는 3.85 kg으로 평범하게 태어났어요. 하지만 자라면서 엄청나게 빠른 속도로 키가 컸는데, 왜 이런 일이 일어난 것일까요? 이것은 뇌의 뇌하수체에서 분비되는 어떤 물질이 영향을 주었기 때문이에요. 이 물질은 바로 호르몬이에요.

호르몬은 우리 몸에서 만들어져서 분비되는 화학 물질로, 우리 몸에서 일어나는 여러 가지 생리 작용을 조절해요.

호르몬은 매우 다양해요. 각각의 호르몬은 몸속의 특정한 곳에서 만들어져서 혈액을 통해 분비되어 몸의 여러 부위에 신호를 전달하고 각 기관의 활동을 조절하는 역할을 해요.

우리는 멀리 떨어져 있는 사람에게 편지로 소식을 전하기도 하지요? 이와 비슷하게 우리 몸에서도 멀리 떨어져 있는 세포나 기관으로 신호를 전달하는 편지와 같은 역할을 하는 물질이 호르몬이에요.

예를 들어, 우리가 땀을 많이 흘려서 몸에 수분이 부족해지면, 오줌으로 빠져 나가는 수분의 양을 줄여야 해요. 이러한 사실을 뇌에서 감지하여 오줌을 만드는 콩팥에 오줌의 양을 줄이라는 신호를 보내는 것이 호르몬이에요. 오줌의 양을 감소시키는 호르몬을 분비하면, 호르몬이라는 편지가 혈액을 따라 콩팥에 도달하여 오줌 양을 감소시키게 되는 것이에요.

또한, 키가 크는 것도 호르몬이 조절해요. 즉, 청소년기에는 키가 커지지만, 어른이 되면 더 이상 키가 크지 않지요. 그 이유는 키를 크게 하는 호르몬이 어른이 되면 더 이상 전달되지 않기 때문이에요.

내분비샘

호르몬은 종류가 다양해서 만들어지는 장소도 다르고, 하는 역할도 달라요. 그림에서처럼 뇌하수체, 갑상샘, 이자, 부신, 정소, 난소가 대표적으로 호르몬이 만들어지고 분비되는 장소에요. 이렇게 호르몬이 만들어져서 분비되는 곳을 **내분비샘**이라고 해요.

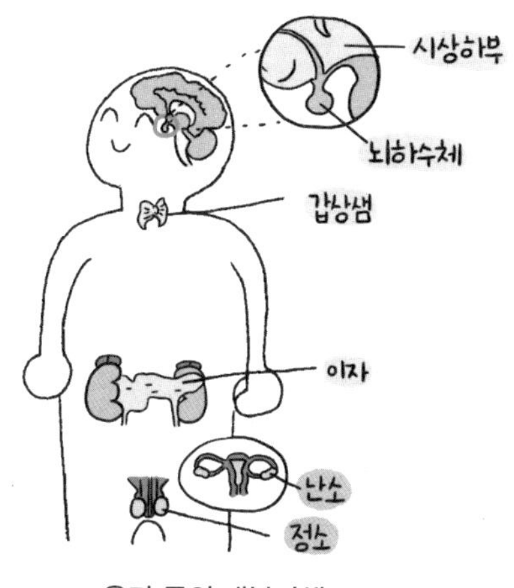

▲ 우리 몸의 내분비샘

그럼 우리 몸의 내분비샘에서 분비되는 대표적인 호르몬들을 알아볼까요?

뇌 안쪽에 있는 **뇌하수체**에서는 생장 호르몬과 항이뇨 호르몬이 분비돼요. 생장 호르몬은 말 그대로 키를 자라게 하는 호르몬이고, 항이뇨 호르몬은 몸 안의 수분량에 따라 분비량이 조절되는 호르몬이에요.

또한, 뇌하수체에서는 다른 호르몬이 분비되도록 도와주는 호르몬도 분비돼요. 바로 갑상샘 자극 호르몬과 생식샘 자극 호르몬이에요. 이 호르몬들이 분비되면 갑상샘과 생식샘이 자극을 받아서 자신이 분비해야 하는 호르몬을 빠르게 분비해요.

과학 선생님 @Biology

Q. 항이뇨 호르몬? 말이 너무 어려워요.

'이뇨'는 오줌을 눈다는 뜻이며, '항'은 저항한다는 의미이므로, '항이뇨'는 오줌이 잘 나오지 않게 한다는 뜻을 담고 있어요. 즉, 몸 안의 수분이 많으면 오줌 양이 많아지게 해서 수분을 몸 밖으로 많이 배출해요. 반대로 몸 안의 수분 양이 적으면 오히려 수분이 나가는 것을 막아 주어야 하므로, 오줌 양이 적어지게 조절하는 호르몬이에요.

몸에_물이_모자라면 # 항이뇨 호르몬이 # 분비돼

갑상샘에서는 어떤 호르몬이 분비될까요? 바로 티록신이에요. 티록신이라는 호르몬은 세포 호흡을 증가시켜서 몸의 체온이 올라가도록 해 주어요. 즉, 추위를 느끼게 되면 티록신이 분비되면서 몸의 각 세포에게 세포 호흡을 더 활발하게 하라는 편지를 전달하여 세포가 에너지를 많이 만들어 내게 되지요. 이 때문에 체온이 떨어지지 않고 일정하게 유지될 수 있는 것이에요.

생식샘은 여자 몸의 난소, 남자 몸의 정소를 뜻해요. 이곳에서는 각각 성호르몬이 분비된답니다. 정소에서 분비되는 남성 호르몬인 테스토스테론은 몸의 골격을 굵어지게 하고 근육을 발달시키는 호르몬이에요. 난소에서 분비되는 여성 호르몬인 에스트로젠은 가슴이 커지고 골반을 성숙시키는 호르몬이에요.

소화를 공부할 때 나왔던 기관인 **이자**에서는 인슐린과 글루카곤이라는 호르몬이 분비되는데, 이것은 혈당량을 조절해요.

혈당량이란 혈액 속에 들어 있는 포도당의 양으로, 사람의 몸속에는 일정한 양의 포도당이 들어 있어야 해요. 그런데 혈당량이 지나치게 많으면 당뇨병에 걸리게 되고, 혈당량이 부족해도 병이 생길 수 있어요. 그래서 혈당량이 일정해지도록 조절할 필요가 있는데, 이것을 조절해 주는 호르몬이 바로 인슐린과 글루카곤이에요.

정상 수치보다 혈당량이 많아지면 인슐린이 분비되어서 혈당량을 낮추고, 혈당량이 부족하면 글루카곤이 분비되어서 혈당량을 높이는 역할을 하고 있어요.

호르몬 과다증과 결핍증

호르몬은 적당한 양이 분비되어야 해요. 지나치게 많이 분비되거나 부족하게 분비되면 **과다증**이나 **결핍증**이 나타나게 되지요.

세계에서 가장 큰 키로 기록된 로버트 퍼싱 와들로우는 생장 호르몬이 필요 이상으로 많이 분비되는 과다증에 걸려 키가 빠른 속도로 자라 엄청나게 큰 것이에요. 태어날 때는 평범했지만, 어릴 때 받은 뇌 수술의 부작용으로 생장 호르몬을 분비하는 뇌하수체에 문제가 생기면서, 생장 호르몬이 과다하게 분비되어 거인증이 나타난 것이지요.

반대로 생장 호르몬이 부족하여 나타나는 왜소증, 또는 소인증도 있어요. 이렇게 우리 몸 안에서 만들어지는 물질인 호르몬은 분비되는 양 자체는 매우 적지만, 우리 인체에 매우 중요한 역할을 해요.

개념체크

1 우리 몸의 생리 작용을 조절하는 물질은?

2 다음 호르몬과 분비되는 장소를 바르게 연결하시오.

(1) 티록신 • • ㉠ 뇌하수체
(2) 인슐린 • • ㉡ 이자
(3) 생장 호르몬 • • ㉢ 갑상샘
(4) 테스토스테론 • • ㉣ 난소
(5) 에스트로젠 • • ㉤ 정소

답 1. 호르몬 2. (1)-㉢, (2)-㉡, (3)-㉠, (4)-㉤, (5)-㉣

18 항상성

우리 변하면 안 돼!

에어컨이나 난방기에는 실내 온도를 감지하는 장치가 있어요. 따라서 정해진 온도보다 높아지거나 낮아지면 저절로 스위치가 작동하여 정해진 온도 상태를 유지하려고 해요. 실내 온도 조절 난방기처럼 사람의 몸도 마찬가지로 몸속의 환경을 일정하게 유지하려는 특성이 있어요.

항상성

기온이 높아서 매우 더운 날에도, 기온이 낮아서 매우 추운 날에도 사람의 체온은 약 36.5 ℃로 거의 일정하게 유지돼요. 체온뿐만 아니라 혈액 속의 포도당량인 혈당량이나 몸속 수분의 양도 거의 일정한 상태로 유지돼요. 이처럼 외부 환경이 변하더라도 몸속의 환경을 일정하게 유지하는 성질을 **항상성**이라고 해요.

특히 우리 몸의 체온, 수분량, 혈당량은 항상성에 의해서 일정한 범위 안에서 조절되기 때문에 우리가 건강한 생활을 유지할 수 있는 것이에요. 항상성 유지를 위해서는 호르몬과 신경의 조절이 꼭 필요한데, 어떤 원리로 조절되는지 체온부터 하나씩 살펴볼까요?

체온 조절

체온을 일정하게 유지해 주는 호르몬은 갑상샘에서 분비되는 **티록신**이에요. 티록신이 많이 분비될수록 세포에서는 세포 호흡이 촉진되어 에너지가 많이 발생해요. 그 결과 체온이 올라가게 되지요. 예를 들어, 한겨울에 추운 곳에 있으면 기온이 변하므로 사람의 체온도 떨어지게 되는데, 피부에서는 신경계를 통해 간뇌가 기온이 떨어졌다는 자극을 전달받아요. 이어 간뇌에서 체온을 높여야 한다는 명령을 신경계를 통해 전달하면 티록신이 더 많이 분비되지요.

반대로 날씨가 더워서 오히려 체온을 내려야 한다면, 간뇌의 명령을 통해 체온이 덜 올라가도록 티록신 분비를 감소시켜요. 그 결과 에너지가 덜 생산되어 체온도 더 이상 올라가지 않는 것이에요.

티록신의 체온 조절

피부(체온 저하) ➡ 간뇌 ➡ 갑상샘(티록신 분비) ➡ 세포 호흡 촉진 ➡ 체온 상승

외부 변화에 따른 체온 조절이 호르몬에 의해서만 통제되는 것은 아니에요. 체온이 내려가면 근육이 떨리면서 열이 많이 발생해요. 또, 피부에 있는 혈관을 축소해서 외부로 빠져나가는 열을 최대한 막아 체온을 높이는 항상성이 작용해요.

반대로 체온이 올라가면 피부의 혈관이 확장되어, 피부로 흐르는 혈액의 양을 증가시킴으로써 열이 잘 방출되도록 해요. 또, 땀을 많이 흘리게 하여, 몸의 열을 방출함으로써 체온을 내려 항상성을 유지해요.

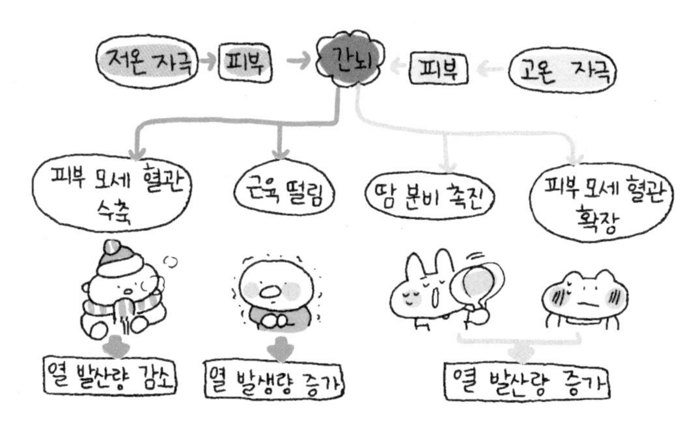

▲ 체온 조절

과학 선생님 @Biology

Q. 춥고, 더울 때만 티록신이 분비되나요?

그건 아니에요. 티록신은 원래도 계속 일정량이 분비되면서 세포에게 세포 호흡을 하라고 편지를 보내요. 바로 에너지를 만들기 위해서예요. 단지 체온이 떨어지면 체온을 높이기 위해서 원래 분비량보다 더 많이 분비되어 에너지를 더 많이 생산하게 하는 것이에요.

#체온 조절은 티록신에게 맡겨! #티록신은 갑상샘에서 분비돼!

혈당량 조절

우리가 음식을 먹고 소화시켜 흡수한 포도당은 에너지를 만드는 재료로 이용되는 중요한 물질이에요. 혈액 속의 포도당량을 **혈당량**이라고 하는데, 포도당은 보통 혈액 속에 0.1 % 정도가 들어 있어요. 만약 이것보다 더 많이 들어 있거나, 더 적게 들어 있으면 혈당량을 적절하게 조절해 주어야 건강할 수 있어요.

식사를 하고 나서 소화가 되면 포도당이 흡수되면서 혈당량이 증가하겠지요? 이때는 혈당량을 낮추어 주어야 하므로 간뇌가 혈당량을 낮추라는 명령을 보내고, 그 순간 이자에서 **인슐린**이 분비돼요. 인슐린이

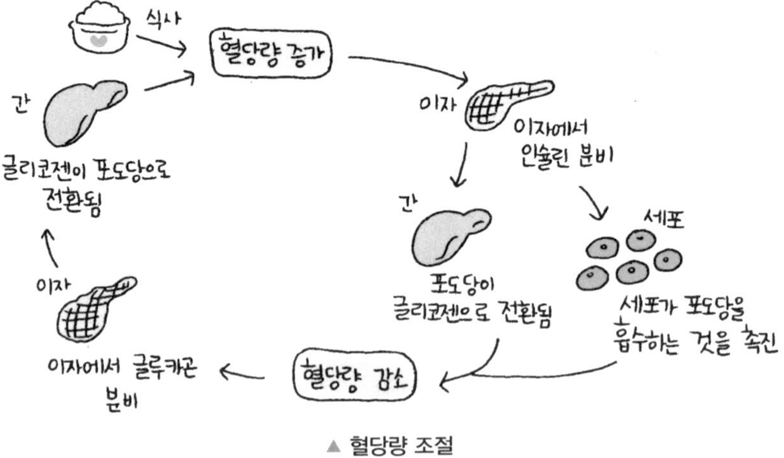

▲ 혈당량 조절

간에게 가서 간뇌의 뜻을 전달하면, 간은 혈액 속의 포도당을 모아서 글리코젠이라는 덩어리로 만들어 버려요. 그리고 세포에게 도움을 요청해 세포들이 포도당을 바로 흡수하게 하지요. 그렇게 되면 혈액 속의 포도당의 양이 줄어들게 되어 정상 범위의 혈당량이 유지되지요.

반대로, 운동을 많이 해서 혈액 속의 포도당을 많이 사용해 버리면 혈당량이 줄어들어요. 이때는 혈당량을 높이라는 간뇌의 명령을 받아 이자에서 **글루카곤**이 분비되고, 글루카곤이 간에게 간뇌의 뜻을 전달하면 간은 글리코젠 덩어리를 풀어서 다시 포도당으로 분해해요. 이 포도당이 혈액 속에 들어가면서 혈당이 정상 범위로 돌아오게 되는 것이에요.

체내 수분량 조절

체내 수분의 양은 왜 조절해야 하는 것일까요? 그것은 몸 안 체액의 농도를 일정하게 유지하기 위해서예요. 이때도 간뇌의 역할이 중요해요.

우리가 짠 음식을 먹거나 땀을 많이 흘려서 체액의 농도가 증가하게 되면 이를 낮추기 위해서 간뇌가 "수분의 배출을 감소시키시오."라고 명령을 내려요. 그러면 뇌하수체에서 항이뇨 호르몬이 분비되면서 콩팥으로 전달되고, 콩팥에서는 혈액 속의 물을 오줌으로 내보내지 않고 오히려 줄여요. 결과적으로 체내 수분량이 늘어나면서 체액의 농도가 정상이 되지요.

반대로 물을 많이 마셔서 체액의 농도가 낮아지면 간뇌가 "수분을 많이 배출시키시오."라는 명령을 내려요. 그러면 뇌하수체에서 항이뇨 호르몬의 분비를 감소시켜 콩팥이 오줌을 많이 만들게 되고, 오줌으로 물이 많이 빠져나가므로 체내 수분량은 정상이 되고 체액의 농도도 정상이 되는 것이에요.

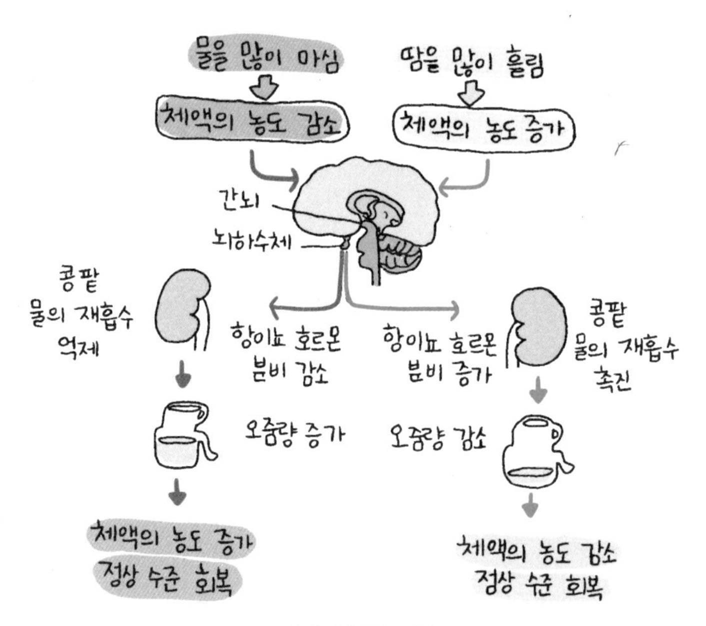

▲ 체내 수분량 조절

이처럼 사람의 몸 안에서는 항상성을 유지하기 위해 혈당량, 체온, 체내 수분량 등이 호르몬 및 신경계와 긴밀하게 작용하는 것을 볼 수 있어요.

개념체크

1 우리 몸에서 항상성을 조절하는 중추 신경계는?

2 이자액에서 분비되어 체내의 높아진 혈당량을 낮추는 호르몬은?

답 1. 간뇌 2. 인슐린

19 세포 분열과 개체 성장

세포는 분열해서 세포 수를 늘리고 성장해!

막 태어난 신생아의 몸무게는 3 kg 정도라고 해요. 신생아의 몸을 이루는 세포는 몇 개나 될까요? 신생아는 약 3조 개의 세포를 가지고 태어난다고 해요. 아기는 점점 자라면서 몸무게도 늘어나고 키도 커지는데, 이때 세포에는 어떤 변화가 있을까요? 세포의 크기가 커지는 것일까요? 아니면 세포 수가 늘어나는 것일까요?

세포

생물의 몸은 세포로 구성되어 있어요. 양파의 표피를 현미경으로 관찰하면 매우 많은 세포들로 이루어져 있는 것을 확인할 수 있어요. 이렇게 많은 세포로 이루어진 생물을 **다세포 생물**이라고 해요.

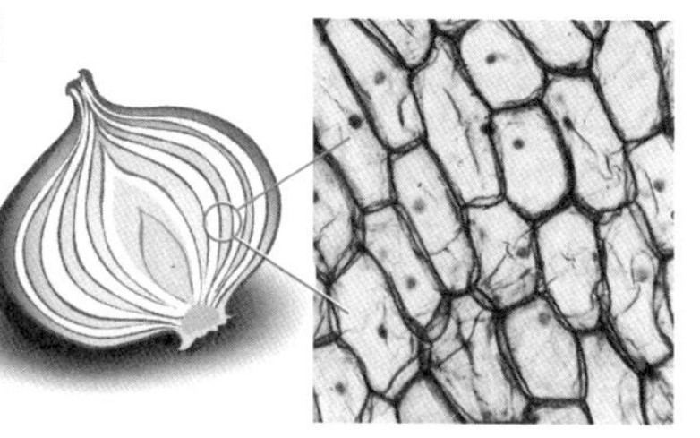

다세포 생물을 구성하는 세포의 크기는 무한히 큰 것이 아니라 어느 정도 한정되어 있어요. 이것은 세포가 일정한 크기까지만 자라기 때문이에요. 세포의 크기가 한정되어 있다면, 다세포 생물의 몸집은 어떻게 커지는 것일까요? 바로 세포의 크기가 아닌 세포의 수가 늘어나는 것이에요. 사람도 자라는 과정에서 세포 하나하나가 크게 생장하는 것이 아니라, 자라면서 세포의 수가 점점 많아진다고 해요. 따라서 아기 때 3조 개 정도였던 세포의 수는 성인이 되면 약 70조 개가 돼요.

세포 분열

세포의 수는 어떻게 늘어난 것일까요? 바로 세포가 분열하기 때문이에요. 세포가 생장한 후 어느 시기가 되면 2개의 세포로 분열하면서 그 수가 늘어나게 되는데, 이것을 **세포 분열**이라고 해요. 즉, 새로운 세포는 세포 분열로 생겨나는 것이에요. 이때 분열하기 전 세포를 모세포라고 하고, 세포 분열을 통해 생겨나는 2개의 세포를 딸세포라고 해요. 엄마인 모세포에게서 2명의 자손인 딸세포가 생겨나는 것이에요. 이어 각각의 딸세포가 어느 정도 생장을 하면 모세포의 크기만큼 자라게 되지요.

세포가 분열된 후 생장하다가 모세포의 크기로 커지면 더 이상 커지지 않고 둘로 나누어지는 분열을 계속하고 이 과정이 반복되면서 생물은 생장하는 것이에요.

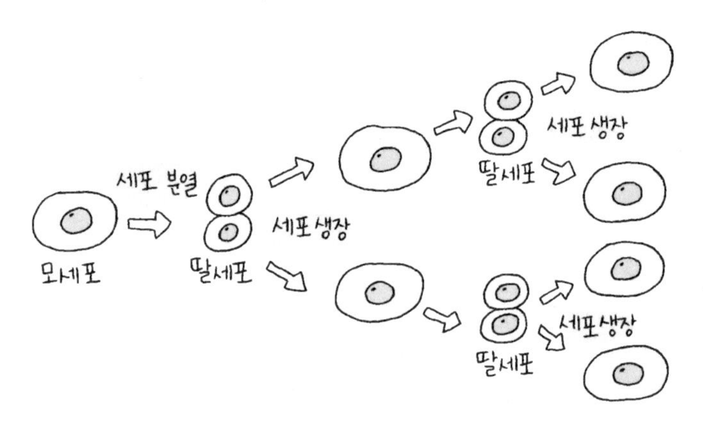

▲ **세포 분열** 세포 분열이 계속 반복되면서 생물은 생장한다.

세포 분열의 의의

세포 하나가 그냥 쭉 커지면 될 텐데, 세포가 분열해서 세포의 수를 늘리는 이유는 무엇일까요? 그것은 세포의 생명 활동과 관련이 있어요.

세포는 생명 활동을 하기 위해서 외부 환경으로부터 다양한 물질을 세포막을 통해 받아들여요. 이때 크기가 큰 세포 하나보다는 크기는 작지만 세포 수가 많으면 그만큼 표면적이 더 넓어져 물질 교환이 효과적으로 이루어질 수 있어요. 아래 그림과 같이 가로, 세로, 높이가 각각 1 cm, 2 cm, 3 cm인 정육면체의 표면적과 부피를 비교해 볼까요?

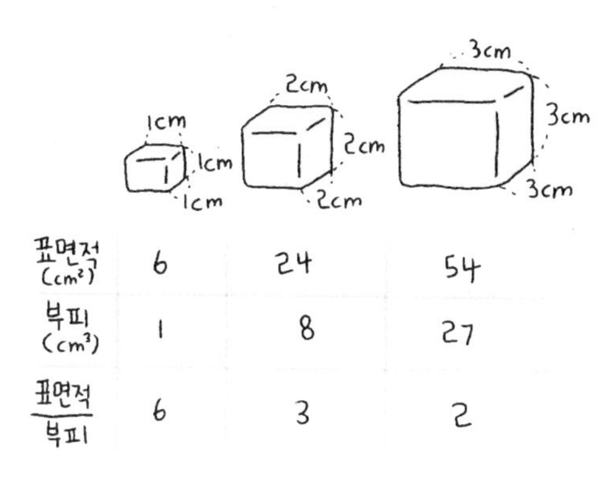

표면적 (cm^2)	6	24	54
부피 (cm^3)	1	8	27
$\frac{표면적}{부피}$	6	3	2

부피에 대한 표면적의 비는 정육면체가 작을수록 더 크다는 것을 알 수 있지요? 즉, 세포의 크기가 작을수록 같은 부피일 때, 표면적이 더 넓어지는 것을 알 수 있어요.

따라서 생물이 살아가는 데 필요한 물질을 원활하게 얻기 위해서, 세포의 크기를 늘리기보다는 세포 분열을 통해서 세포의 수를 늘리는 것이에요.

생물이 세포 분열을 하는 이유

세포의 표면적을 늘려 물질 교환이 잘 이루어지도록 하기 위해

개념체크

1 세포가 생장한 후 어느 시기가 되면 2개의 세포로 분열하면서 그 수가 늘어나는 것을 무엇이라고 하는가?

2 생물은 생장하면서 세포의 (수, 크기)를 늘린다.

답 **1. 세포 분열 2. 수**

탐구 STAGRAM

세포가 분열하는 이유 확인하기

Science Teacher

① 페놀프탈레인 용액을 넣어 만든 한천 덩어리를 한 변의 길이가 각각 1 cm, 2 cm, 3 cm인 정육면체 모양으로 자른다.

② 수산화 나트륨 수용액에 약 5분 동안 담가둔 후 정육면체의 단면을 잘라 관찰한다.

#한천 #페놀프탈레인 용액 #세포의 크기 #표면적

실험에서 중심 부분까지 붉은색이 퍼진 것은 무엇인가요?

(가)예요. 크기가 작을수록 물질이 안쪽까지 이동해요.

한천 조각을 하나의 세포로 가정할 때, 세포의 생명 활동에 유리한 것은 세포가 클 때인가요? 작을 때인가요?

세포가 작을 때예요. 세포에 필요한 물질은 세포막을 통해 세포 안으로 들어가요. 이때 세포 안쪽까지 물질이 도달해야 하는데 그러려면 세포의 크기가 작은 것이 유리하지요.

새로운 댓글을 작성해 주세요. 등록

이것만은!

- 세포의 생명 활동에 필요한 물질은 세포막을 통해서 이동한다.
- 세포의 크기가 작을수록 물질 교환이 이루어지는 표면적이 넓어져서 세포가 필요한 물질을 얻는 데 유리하다.

20 염색체와 유전자

난 자유롭게 변신하는 카멜레온!

세포의 구조를 자세히 보면 생명 활동을 조절하는 핵을 가지고 있는 것을 알 수 있어요. 그런데 세포 분열을 하고 있는 세포에서는 이러한 핵이 보이지 않아요. 대신 다른 무언가를 관찰할 수 있는데, 과연 무엇일까요?

염색체

우리는 여러 가지 정보를 USB나 CD 등을 이용해서 저장하고 필요하면 복사하지요. 생물도 모양이나 특징 등 자신의 다양한 유전 정보를 핵 속의 물질에 저장해요. 그리고 세포가 분열하면서 새로운 세포를 만들 때, 이 정보를 복제하여 새로 생긴 세포에게 전달해요. 그래야 새롭게 생긴 세포가 현재 생물의 특성을 그대로 가질 수 있는 것이에요.

생물은 저장된 유전 정보를 어떻게 다음 세대에게 전달할 수 있을까요? 바로 염색체가 이 역할을 해요.

염색체는 유전 정보를 담아 전달하는 역할을 하는 막대나 끈 모양의 구조물이에요. 염색체는 세포가 분열할 때만 관찰할 수 있어요. 세포가 분열하지 않을 때는 세포의 핵 속에 가느다란 실과 같은 상태로 풀어져 있다가, 세포가 분열하기 전에 정보를 복제한 후, 굵고 짧게 뭉쳐져서

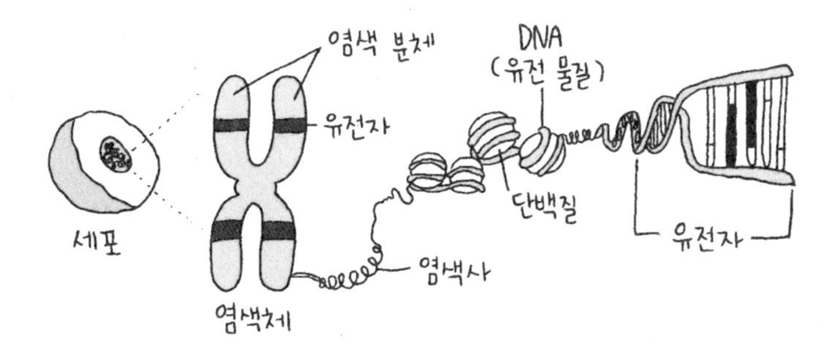

염색체가 되는 것이에요.

염색체는 DNA와 단백질로 구성되어 있는데, 이 중에서 유전 물질에 해당하는 것이 바로 DNA예요. DNA의 특정 부분에는 생물의 모양이나 특징 등을 결정하는 유전 정보가 저장되어 있어요. 이를 **유전자**라고 해요. 유전자 속에 저장되어 있는 유전 정보에 따라 그 생물의 고유한 형질이 나타나는 것이에요.

세포가 분열하기 시작하면 염색체는 두 가닥으로 보이는데, 각각의 가닥을 **염색 분체**라고 해요. 세포가 분열하기 전에 한 가닥이었던 DNA가 복제되어서 두 가닥이 된 것이에요. 그래서 각각의 염색 분체는 서로 같은 유전 정보를 가진 쌍둥이라고 볼 수 있어요.

2개의 염색 분체는 따로 떨어져서 각각의 딸세포로 나누어져 들어가요. 결국 새롭게 생긴 2개의 딸세포는 모세포와 똑같은 유전 정보를 가진 세포가 되어 그 생물의 형질을 그대로 가지는 것이에요.

사람의 염색체

염색체는 생물의 종류에 상관없이 모두 똑같은 수와 형태를 가질까요? 그렇지는 않아요. 생물의 종에 따라 염색체의 수와 형태가 달라요. 보통 사람은 체세포 1개에 46개의 염색체를 가지고 있지만, 고양이는 36개, 소나무는 24개 등으로 생물의 종에 따라 그 수가 달라요.

사람의 염색체를 구체적으로 알아볼까요? 사람의 체세포에는 46개의 염색체가 있어요. 염색체를 잘 관찰하면 모양과 크기가 같은 염색체 2개가 한 쌍으로 서로 짝을 짓고 있어요. 이러한 염색체의 쌍을 **상동 염색체**라고 해요.

상동 염색체 중 하나는 아버지에게서 물려받은 것이고, 다른 하나는 어머니에게서 물려받은 것이에요. 신기하게도 상동 염색체의 같은 위치에 같은 형질을 결정하는 유전자가 존재해요. 결국 사람의 체세포에 있는 46개의 염색체는 2개씩 쌍을 이루므로 사람의 체세포는 23쌍으로 이루어져 있다고 할 수 있어요. 이때 23쌍 중에서 22쌍은 남녀가 공통으로 가지고 있어서 **상염색체**라고 해요. 나머지 한 쌍의 염색체는 남자인지 여자인지에 따라 차이가 나는데, 이를 통해서 성별을 결정할 수 있어서 **성염색체**라고 해요. 여자는 성염색체인 X 염색체를 2개 가지고 있고, 남자는 X 염색체와 Y 염색체를 각각 하나씩 가지고 있어요.

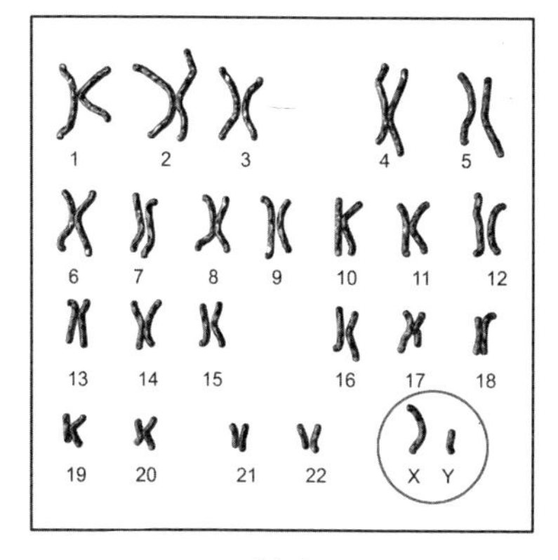

▲ 남자

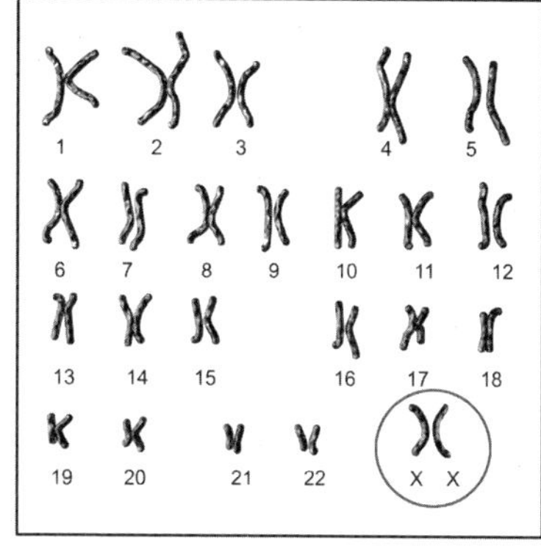

▲ 여자

과학 선생님 @Biology

Q. 사람 몸에 염색체가 겨우 46개밖에 안 되나요?

그렇지 않아요. 많은 친구들이 그렇게 오해하고 있는데, 사람의 몸을 이루는 체세포가 70조 개라면, 70조 개의 모든 세포 하나하나에 염색체가 46개씩 들어 있는 거예요.

#내몸의 염색체 수 #세포 하나하나에 46개씩

개념체크

1 유전 정보를 담아 전달하는 역할을 하는 막대나 끈 모양의 구조물은?

2 사람의 체세포 1개에 들어 있는 염색체의 개수는?

답 **1. 염색체 2. 46개**

21 체세포 분열, 생식 세포 형성

숫자를 늘려 보자!

생물은 생장하면서 세포의 수를 늘려서 몸집이 커진다는 사실을 이제는 알고 있지요? 이때 세포 수를 늘리는 방법이 세포 분열인데, 세포가 분열할 때 1개의 세포가 절반 크기로 나누어지면 어떻게 될까요? 또, 세포는 어떤 방법으로 분열을 할까요?

체세포 분열

세포 분열을 통해서 새로운 세포가 생긴다는 것은 그 생물이 가진 모양, 크기 등의 형질에 대한 유전 정보를 그대로 가지면서 똑같은 세포가 생겨야만 안정한 생명체가 되는 것이에요. 그러므로 모세포가 가진 유전 정보를 똑같이 가지기 위해서는 세포가 분열하기 전에 유전 물질을 복제해서 2배로 만든 다음에, 세포 분열을 할 때 각각 하나씩 나누어 가지는 것이랍니다.

세포 분열에서 생물의 몸을 이루는 체세포가 분열하느냐, 생식에 참여하는 생식 세포가 분열하느냐에 따라 세포 분열의 특징이 달라요.

체세포 분열부터 알아볼까요? 한 개의 체세포가 두 개의 체세포로 나누어지는 것을 **체세포 분열**이라고 하는데, 이 분열은 여러 단계를 거쳐서 일어나요.

우선, 분열을 준비하면서 유전 물질을 2배로 불려나가는 시간을 **간기**라고 해요. 사실 유전 물질을 2배로 만든다는 것은 무척 힘든 일이에요. 따라서 유전 물질을 2배로 만드는 간기의 기간이 세포 분열 과정 중에서 가장 길어요.

간기를 통해 유전 물질이 2배로 준비가 되면 마침내 염색체가 출연

하면서, 실처럼 풀어졌던 유전 물질을 담고 있던 핵막이 사라져 버리는 **전기**가 돼요.

중기가 되면 흩어져 있던 염색체가 가운데에 모이게 돼요. 한가운데에 염색체가 일렬로 서면 눈에 가장 잘 보이겠지요? 따라서 체세포 분열의 시기 중에서 염색체를 가장 뚜렷하게 볼 수 있는 시기가 중기예요.

다음으로는 2개의 염색 분체로 되어 있던 염색체가 각각 분리되면서 떨어져 나간 염색 분체가 양쪽 극으로 이동하는 **후기**가 되지요.

마침내 유전 물질의 분리가 끝나게 되는 **말기**가 되면, 응축되었던 염색체가 풀어지고, 다시 핵막이 형성되고 핵이 다시 만들어지면서 **세포질 분열**이 일어나 2개의 딸세포가 형성돼요.

그런데 세포질이 분열될 때는 동물 세포인지, 식물 세포인지에 따라서 분열 방식이 달라져요. 동물 세포는 말랑말랑하므로 세포의 중앙이 잘록해지면서 세포질 분열이 일어나고, 식물 세포는 세포벽으로 인해 딱딱하므로 세포의 안쪽에서 바깥쪽으로 세포판이 형성되면서 세포질 분열이 일어나지요.

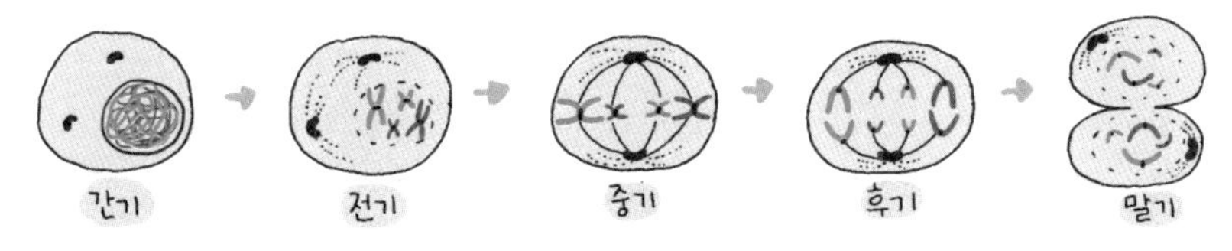

▲ 체세포 분열

생식 세포 분열

대부분의 동물은 정자와 난자가 결합하여 자손을 만들어요. 이때 정자, 난자와 같이 자손을 만들기 위한 세포를 **생식 세포**라고 불러요. 생식 세포가 가지는 유전 물질의 양은 체세포가 가지는 유전 물질의 $\frac{1}{2}$에 해당돼요. 그래야만 엄마, 아빠의 생식 세포가 결합하여 새로운 자손을 만들었을 때, 그 자손의 체세포가 가지는 유전 물질의 양이 정상적인 양이 되기 때문이에요. 자손을 만드는 두 개의 생식 세포가 유전 물질을 각각 $\frac{1}{2}$씩 가져 결국 $\frac{1}{2}+\frac{1}{2}=1$이 되기 때문이지요.

생식 세포가 만들어질 때 일어나는 세포 분열은 체세포 분열과 다르게 염색체의 수도, 유전 물질의 양도 $\frac{1}{2}$배로 줄여야 해요. 이렇게 생식 세포가 형성되는 분열을 감수 분열이라고 해요. "염색체 수가 감소하는 분열"이라고 이해하면 돼요. 그리고 감수 분열은 세포 분열이 연속으로 두 번 일어나므로 감수 1분열과 감수 2분열로 구분해요.

감수 분열의 시작은 체세포 분열과 같아요. 하나의 세포가 유전 물질을 2배로 불리는 가장 긴 기간인 간기가 있어요. 하지만 감수 1분열 전기부터는 체세포 분열과 차이가 나요.

감수 1분열 전기에는 상동 염색체가 접합하여 2가 염색체를 형성해요. 중기에는 2가 염색체가 가운데에 배열되고, 후기에는 2가 염색체가 분리되면서 각각의 상동 염색체가 양쪽 극으로 이동하고, 말기를 거쳐 2개의 딸세포가 생겨요. 하지만 감수 1분열로 생성된 딸세포는 염색체의 수는 모세포와 같지만 같은 유전 정보를 가진 2가닥의 염색 분체로 되어 있어서, 유전 물질의 양이 정상적인 생식 세포의 양보다 2배가 많아요. 따라서 다시 감수 2분열로 들어가는 것이지요.

감수 2분열이 시작될 때는 유전 물질을 복제하지 않아서 간기가 없어요. 바로 2차적인 전기, 중기, 후기, 말기를 거치게 되면서 마침내 총 4개의 생식 세포를 형성하게 돼요. 이때 생식 세포가 가지는 유전 물질의 양은 체세포의 절반이 되지요. 즉, 2의 유전 물질을 가진 세포 1개가 $\frac{1}{2}$의 유전 물질을 가진 세포 4개로 분열되는데, 이렇게 생긴 세포가 생식 세포예요.

생물이 자손을 만들 때, 유전 물질이 $\frac{1}{2}$인 부모 각각의 생식 세포 2개가 결합해서 유전 물질 1이 되는 자손을 낳는 것이에요.

결국 1개의 모세포는 체세포 분열을 통해서 간기, 전기, 중기, 후기, 말기를 지나서 마침내 정상적인 유전 물질의 양을 가진 체세포 2개를 만들고, 감수 1분열과 감수 2분열을 거치면서 1개의 모세포는 유전 물질의 양이 절반으로 줄어든 생식 세포 4개를 만드는 것이지요.

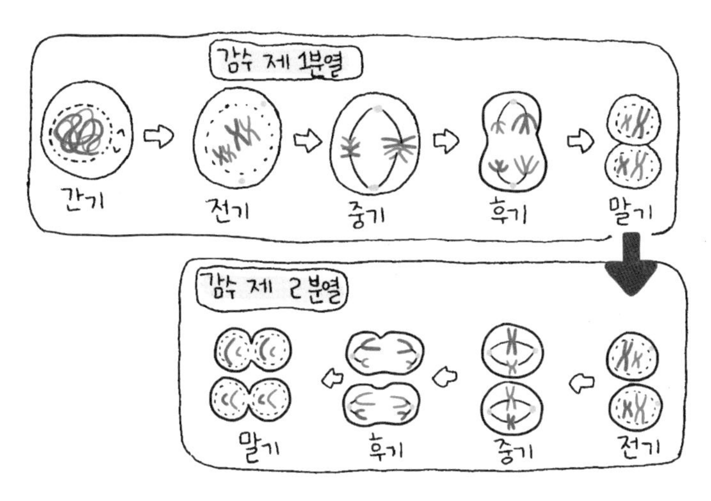

▲ 생식 세포 분열(감수 분열)

구분	체세포 분열	생식 세포 분열
분열 횟수	1회	2회
딸세포 수	2개	4개
유전 물질	체세포와 같음	체세포의 절반
분열 결과	체세포 형성(생장)	생식 세포 형성

개념체크

1 모세포 1개가 체세포 분열을 하여 생성되는 딸세포의 수와 생식 세포 분열을 하여 생성되는 딸세포의 수를 순서대로 쓰시오.

2 생식 세포가 형성되는 세포 분열 과정은?

답 **1. 2개, 4개 2. 감수 분열**

탐구 STAGRAM

체세포 분열 관찰하기

Science Teacher

양파의 뿌리를 잘라 그림과 같은 과정을 거쳐 현미경 표본을 만들어서 관찰한다.

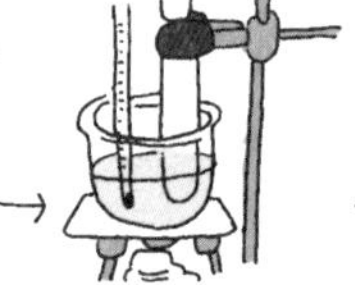

좋아요 ♥ #양파뿌리 #체세포분열 #염색체 #아세트올세인용액

실험에서 양파의 뿌리 끝부분을 실험 재료로 사용하는 까닭은 무엇인가요?

양파의 뿌리 끝에는 세포 분열이 활발하게 일어나는 생장점이 있기 때문이에요.

아세트올세인 용액을 떨어뜨렸을 때 염색되는 것은 무엇인가요?

세포의 핵과 염색체가 붉은색으로 염색돼요.

새로운 댓글을 작성해 주세요. 등록

이것만은!

- 에탄올과 아세트산을 3 : 1로 섞은 용액에 뿌리 조각을 넣어두는 것은 세포를 고정하여 세포 분열을 멈추게 하기 위해서이다.
- 양파의 뿌리 끝에 있는 생장점에서는 세포 분열이 활발하게 일어난다.

22 수정과 발생

나는 어떻게 태어났을까?

생물은 살아 있는 동안 자손을 만들어 대를 이어 가요. 이와 같이 생물이 자손을 만들어 번식하는 과정을 생식이라고 해요. 우리 인간은 생식 세포인 정자와 난자가 결합하여 수정란이 만들어진 다음, 발생의 과정을 거쳐서 자손을 만들어요. 아주 작은 세포 하나인 수정란이 어떻게 하나의 개체로 자라게 되는 것일까요?

수정

난자와 정자가 만나면 유전 물질을 가진 정자의 핵과 난자의 핵이 만나서 결합하는데, 이를 **수정**이라고 해요. 정자와 난자가 수정 과정을 거치면 체세포의 염색체 수를 가지는 수정란이 되지요. 수정란은 체세포 분열 과정을 통해서 여러 가지 조직과 기관을 형성하고 하나의 개체로 성장해요. 즉, 체세포 1개인 수정란이 엄청나게 많은 세포로 이루어진 사람이 되기 위해서 지속적인 체세포 분열을 해야 해요. 그리고 비슷한 기능을 하는 세포들끼리 뭉쳐서 조직과 기관을 만들고, 기관계를 형성하면서 온전한 사람이 되는 것이에요.

발생

수정란에서 온전한 하나의 개체로 자라는 과정을 **발생**이라고 해요. 현미경으로만 겨우 관찰할 수 있는 작은 수정란이 우리와 같은 완전한 사람이 되기까지의 과정은 매우 복잡하고 신비로워요. 그 첫 과정이 수정이에요. 수정된 이후 어떤 과정들을 거쳐야 완전한 개체로 발생되는지 알아볼까요?

수정이 되자마자 수정란은 초기에 빠르게 세포 분열을 하면서 세포 수를 부지런히 늘려가요. 이러한 초기 세포 분열 과정을 **난할**이라고 해요. 난할도 체세포 분열 과정이지만 세포의 크기가 커지는 시기가 거의 없이 세포 분열만 매우 빠르게 반복돼요. 그래서 난할이 진행되는 동안 세포의 수는 늘어나지만, 세포 하나의 크기는 점점 작아지는 것을 볼 수 있어요.

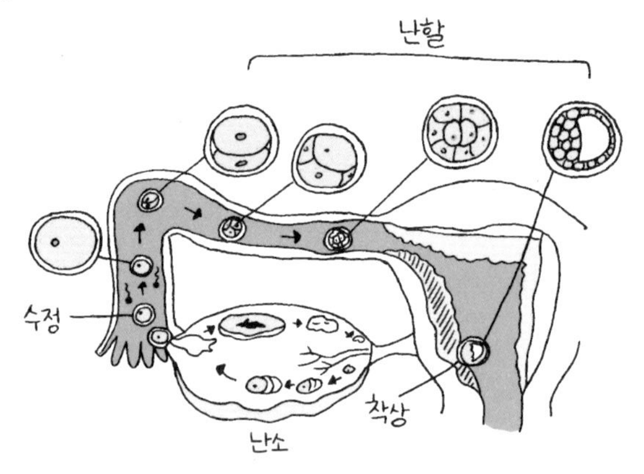

난할 과정을 거치면 내부가 텅 빈 공 모양의 **포배** 상태가 되어 자궁에 도달해요. 그러고는 자궁 안쪽 벽을 파고들어 가서 달라붙는데, 이를 **착상**이라고 해요. 이때부터 임신이 이루어진 것으로 판단해요.

임신

보통 수정이 일어나고 나서 약 8주 동안은 뇌, 심장, 소화 기관 등 여러 기관이 형성돼요. 이 시기까지를 **배아**라고 해요. 8주가 지나면 이때부터는 신체 대부분의 기관이 형성되므로 **태아**라고 불러요.

우리가 살아가기 위해 음식을 먹고 필요한 물질을 얻는 것처럼, 태아도 정상적으로 성장하려면 모체로부터 여러 가지 영양분을 공급받아야 해요. 즉, 태아는 태반을 통해 모체로부터 필요한 물질을 얻는데, **태반**

은 착상이 될 때 모체와 태아를 연결해 주기 위해 만들어진답니다.

자궁에 수정란이 착상되고 태반을 형성하면 모체와 태아 사이에서 물질 교환이 이루어지는 것이에요. 즉, 모체가 섭취한 영양소와 산소는 태반을 통해서 태아에게 전달되고, 태아가 자라면서 태아의 몸에서 생긴 노폐물은 태반을 통해서 모체에게 전달되어 밖으로 배출되는 것이지요.

이렇게 태반을 통해 필요한 물질을 공급받고 모체의 자궁에서 보호받으며 자란 태아는 계속 체세포 분열을 하면서 아기의 모습을 갖추게 돼요. 그리고 수정이 일어난 지 약 266일(38주)이 지나면 질을 통해 모체 밖으로 나오는데, 이를 **출산**이라고 해요.

결국 하나의 세포였던 수정란은 난할의 과정을 거쳐서 포배 상태가 되어 자궁에 착상된 후, 배아에서 태아로 성장하며 수정된 지 약 38주 뒤에 아기로 태어나게 되는 것이에요.

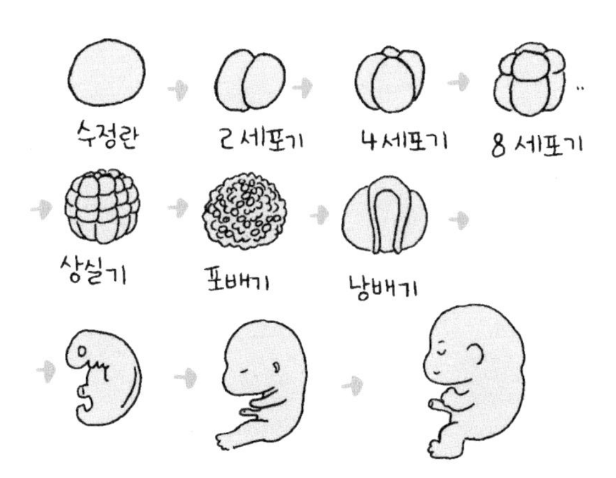

개념체크

1 수정란에서 온전한 하나의 개체로 자라는 과정을 무엇이라고 하는가?

2 세포의 크기는 자라지 않고, 세포의 수만 늘리는 수정란의 초기 세포 분열 과정을 무엇이라고 하는가?

답 **1. 발생 2. 난할**

23 멘델의 유전 연구

물감처럼 섞이는 게 아니야!

가족을 보면 서로 많이 닮아 있지요? 특히, 부모님과는 눈이나 코의 모양, 피부색 등이 많이 닮아 자녀와 그 부모가 누구인지를 바로 알아보는 경우도 많아요. 이처럼 부모가 가지고 있는 특성을 자녀가 닮게 되는데, 어떻게 이런 일이 가능한 것일까요?

멘델의 유전 연구

요즘은 가정마다 개와 고양이를 애완동물로 많이 키우는데, 두 동물은 생김새와 짖는 소리 등 특성이 많이 달라요. 이처럼 모든 생물은 저마다 고유한 생김새, 모양, 색 등의 특성을 가지고 있어요. 이러한 특성 하나하나를 **형질**이라고 해요. 이러한 형질은 자손에게도 계속해서 전달되어 나타나며, 이것을 **유전**이라고 하지요.

우리도 부모님의 형질이 유전되어서 부모님과 많이 닮은 것이에요. 그렇다면 부모의 형질은 어떻게 자손에게 유전되는 것일까요? 옛날 사람들은 부모로부터 전달된 유전 물질이 물감처럼 혼합되어 전달된다고 생각했어요. 정말 그럴까요?

오스트리아의 수도사 멘델도 이러한 궁금증이 있었어요. 그래서 유전의 원리를 밝히기 위해 8년 동안 완두를 재료로 실험하며 연구를 거듭한 결과, 유전의 기본 원리를 밝혀내었어요.

멘델이 완두를 실험 재료로 선택한 것은 완두는 유전 연구에 적합한 특성을 가지고 있었기 때문이에요. 즉, 완두는 주변에서 쉽게 구할 수 있고, 다 자라는 데 걸리는 기간이 짧으며, 대립 형질이 뚜렷하고 한 번의 교배 실험에서 얻을 수 있는 자손의 수가 많으며, 자손의 형질을 분석하기가 쉽기 때문이지요.

여기서 **대립 형질**이라는 것은 하나의 형질에 대해서 뚜렷이 구별되어 대립되는 형질을 뜻해요.

예를 들어, 완두의 형질 중에서 완두의 모양을 보면 둥근 것과 주름진 것으로 확연히 구분되는 형질, 그리고 완두의 색깔은 황색인 것과 녹색인 것으로 딱 구분되지요.

과학 선생님 @Biology

Q. 사람에게는 어떤 대립 형질이 있나요?

친구 중에 쌍꺼풀이 있는 친구도 있고 없는 친구도 있죠? 그리고 이마 모양이 v자 형도 있고 일자형도 있어요. 이런 것이 대립 형질이에요.

#너와_나는 #비슷한_듯_하지만 #모두_달라

우성과 열성

멘델은 완두가 가진 많은 대립 형질 중에서도 우선, 완두 모양이 둥근 것과 주름진 것을 이용하여 실험했어요. 완두 모양이 둥근 것과 주름진 것을 여러 세대에 걸쳐 자가 수분하여 순종의 둥근 완두와 주름진 완두를 얻었어요.

여기서 자가 수분은 뭘까요? **자가 수분**은 수술의 꽃가루를 같은 그루의 꽃에 있는 암술에 묻히는 것이에요. 수술의 꽃가루를 다른 그루의 꽃에 있는 암술에 묻히는 것은 **타가 수분**이라고 해요. 완두는 꽃잎이 암술과 수술을 모두 덮고 있어서 자연 상태에서 완두는 자가 수분을 해요.

완두를 여러 세대에 걸쳐서 자가 수분을 하면 항상 같은 형질만 나타나는데, 이러한 개체를 **순종**이라고 해요.

멘델은 여러 세대에 걸쳐 자가 수분을 하여 얻어진 순종의 둥근 완두와 순종의 주름진 완두를 서로 타가 수분시켜서 자손을 얻었어요. 즉, 순종의 둥근 완두를 키워 꽃이 자라면 주름진 완두에서 핀 꽃의 꽃가루를 둥근 완두의 암술머리에 묻히는 타가 수분을 하여 자손을 얻었지요. 이렇게 생긴 자손은 다른 품종끼리 교배한 것이므로 이러한 개체를 **잡종**이라고 하고, 첫 번째 자손이므로 **잡종 1대**라고 표현해요.

잡종 1대에는 어떤 자손이 나왔을까요? 둥근 완두와 주름진 완두의 중간 형질을 가진 자손이 나올 것 같지만, 예상과 달리 잡종 1대에서는 모두 둥근 완두만 나왔어요. 여러 번 반복해서 같은 실험을 해도 잡종 1대는 둥근 완두만 나온다는 사실을 발견한 것이에요.

순종의 대립 형질을 가진 어버이를 타가 수분시켜 잡종 1대에서 나타나는 형질을 **우성**이라고 하고, 잡종 1대에서 나타나지 않은 형질을 **열성**이라고 해요. 완두의 모양에서 우성은 둥근 것, 열성은 주름진 것이에요.

멘델은 완두의 모양 이외에도 6쌍의 대립 형질을 가진 순종 완두를 서로 교배하는 실험을 했어요. 그 결과 잡종 1대에서 모두 우성 형질만 나타난 것이에요.

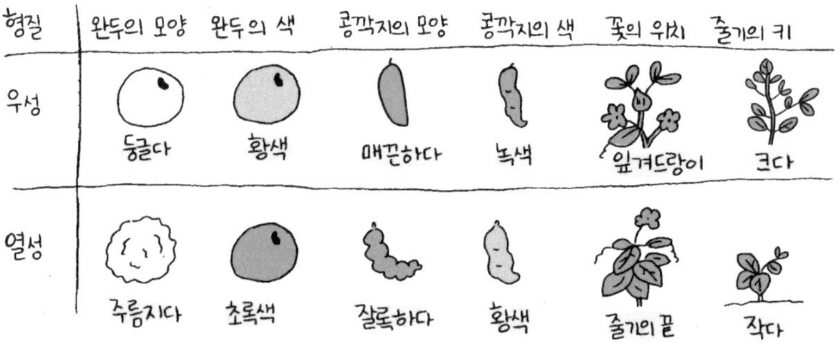

형질	완두의 모양	완두의 색	콩깍지의 모양	콩깍지의 색	꽃의 위치	줄기의 키
우성	둥글다	황색	매끈하다	녹색	잎겨드랑이	크다
열성	주름지다	초록색	잘록하다	황색	줄기의 끝	작다

표현형과 유전자형

완두의 모양이 '둥글다', '주름지다', 완두의 색깔이 '황색이다', '녹색

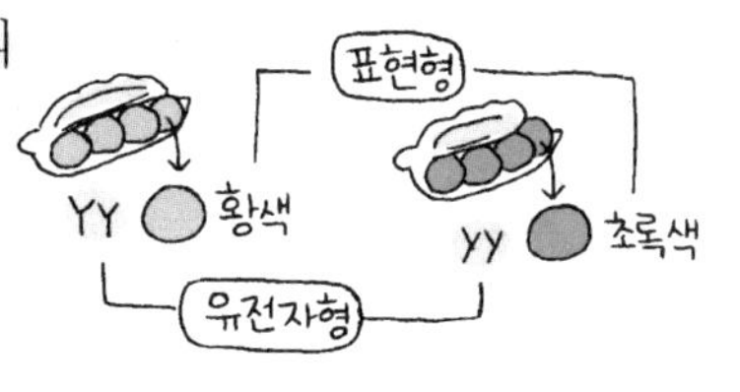

▲ 표현형과 유전자형

이다'와 같이 겉으로 드러나는 생물의 형질을 **표현형**이라고 하고, 표현형을 결정하는 유전자를 기호로 표시한 것을 **유전자형**이라고 해요.

유전자는 눈으로 볼 수 없으므로 유전자형은 알파벳 기호를 이용하여 2개의 문자로 표시해요. 그 이유는 형질을 나타내는 유전자를 부모로부터 각각 한 개씩 받아 상동 염색체를 이루면서 대립 형질을 가진 대립 유전자가 서로 쌍으로 존재하기 때문이에요. 일반적으로 우성 유전자는 대문자로, 열성 유전자는 소문자로 나타내지요.

예를 들어, 완두 모양에서 우성인 둥근 유전자는 R, 열성인 주름진 유전자는 r로 나타내요. 즉, 순종인 둥근 완두의 유전자형은 RR, 순종인 주름진 완두 유전자형은 rr, 잡종인 둥근 완두의 유전자형은 Rr로 나타내요. 따라서 표현형으로는 둥근 완두이지만 우성이냐 열성이냐에 따라서 유전자형은 RR, Rr의 두 종류로 나타나요.

유전자형과 표현형

- 표현형이 둥근 완두의 유전자형: RR, Rr
- 표현형이 주름진 완두의 유전자형: rr

개념체크

1 하나의 형질에 대해서 뚜렷이 구별되는 형질은?

2 순종의 대립 형질을 가진 어버이를 타가 수분시켜 얻은 개체를 일컫는 말은?

답 1. 대립 형질 2. 잡종

24 유전 법칙

우린 닮은 듯, 안 닮은 듯!

민철이네 가족은 민철이를 비롯해 엄마, 아빠 모두 쌍꺼풀이 있는데, 누나만 쌍꺼풀이 없어요. 민철이의 쌍꺼풀이 유전된 것이라면 누나도 당연히 있어야 하는 것이 아닐까요? 누나는 왜 쌍꺼풀이 없을까요?

분리 법칙

쌍꺼풀뿐만 아니라 부모에게 있는 형질이 자손에게 나타나지 않은 경우를 흔히 볼 수 있어요. 부모의 형질이 자손에게 유전된다면 이런 현상은 왜 나타날까요?

멘델은 순종의 둥근 완두와 순종의 주름진 완두를 타가 수분하여 얻은 잡종 1대에서 둥근 완두만 나타나는 것을 발견했어요. 멘델은 "주름진 형질은 어디로 간 것일까?"라는 궁금증이 생겼어요. 그래서 잡종 1대에서 나온 둥근 완두끼리 자가 수분하여 잡종 2대를 알아보는 실험을 했어요. 그 결과 잡종 2대에서는 둥근 완두뿐만 아니라 잡종 1대에는 없던 주름진 완두가 나타났어요. 게다가 우성인 둥근 완두와 열성인 주름진 완두의 배율이 약 3 : 1로 나타나는 것을 발견하였어요.

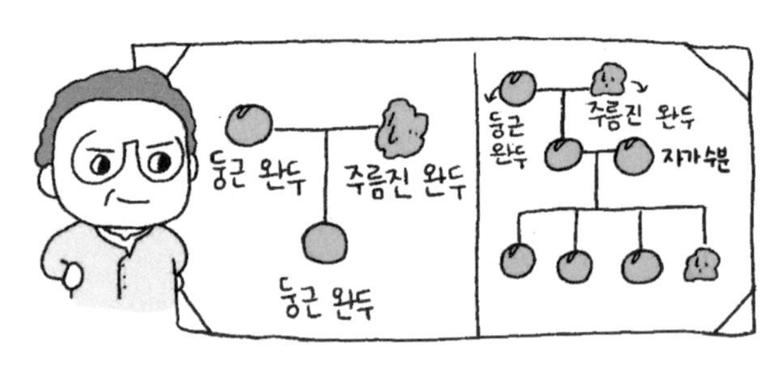

▲ 멘델의 교배 실험 결과

멘델은 다른 형질에 대해서도 같은 실험을 했는데, 그 결과는 잡종 1대와 마찬가지로 잡종 2대에서 우성과 열성의 형질이 약 3:1로 나타나는 것을 확인할 수 있었어요. 어떻게 이런 일이 가능한 것일까요?

멘델은 이것을 설명하기 위해서 가설을 통해서 유전 인자를 설명하였지만, 증명할 길이 없어서 당시에는 인정받지 못했어요. 하지만 과학이 발달하면서 멘델이 가설에서 설명했던 유전 인자가 바로 오늘날 유전자이며, 유전자가 염색체에 있다는 사실이 밝혀지면서 멘델의 유전 연구와 유전 원리는 유전학의 바탕이 되었어요.

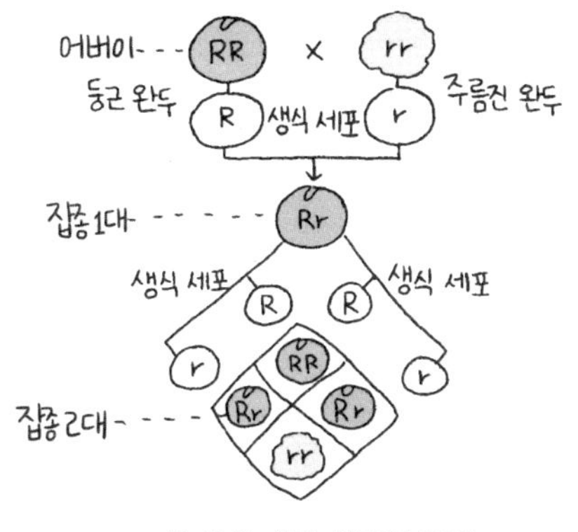

▲ 한 쌍의 대립 형질의 유전

순종의 둥근 완두에서는 생식 세포 분열을 통해서 생식 세포 R이 만들어지고, 순종인 주름진 완두에서는 생식 세포 r이 만들어져요. 이들이 수정된 잡종 1대는 유전자형이 모두 Rr이므로 표현형은 둥근 완두만 나타나겠지요? 이때 잡종 1대의 둥근 완두를 자가 수분하면, 생식 세포 분열이 일어날 때 R과 r은 서로 분리되어 각각 다른 생식 세포에 들어가게 돼요. 그러면 R을 가진 생식 세포와 r을 가진 생식 세포가 각각 1:1로 생겨나게 되고, 서로 만나서 생기는 자손인 잡종 2대의 유전자형은 그림과 같이 RR:Rr:rr이 1:2:1로 나타나지요.

RR과 Rr은 모두 둥근 완두이고, rr은 주름진 완두이므로 표현형의 비

는 둥근 완두:주름진 완두가 3:1로 나타나는 것이죠.

결국 잡종 2대에서 드디어 주름진 완두가 나타나는 것이에요.

이렇게 주름진 완두가 나타날 수 있었던 이유는 **생식 세포**가 만들어질 때, 한 쌍의 대립 유전자였던 Rr에서 대립 유전자 R과 r이 각각의 생식 세포로 분리되어 rr이 형성된 것이에요.

생식 세포를 만드는 과정에서 한 쌍의 대립 유전자가 분리되어 서로 다른 생식 세포로 들어가는 현상을 **분리 법칙**이라고 해요. 이 실험과 이 법칙을 통해서 자손이 부모를 닮은 것이 부모로부터 받은 유전 물질이 물감처럼 섞이는 것이 아니라 세대를 거듭해도 희석되지 않은 상태로 다음 세대로 전달된다는 것을 알아낸 것이에요.

> **분리 법칙**
> 생식 세포를 만드는 과정에서 한 쌍의 대립 유전자가 분리되어 서로 다른 생식 세포로 들어가는 현상

독립 법칙

완두 한 개체는 모양뿐 아니라 색이나 꽃의 색깔 등 여러 가지 형질을 가지고 있어요. 그렇다면 두 가지 이상의 형질이 동시에 유전될 때, 서로 영향을 줄까요?

먼저, 둥글고 황색인 순종의 완두와 주름지고 초록색인 순종의 완두를 교배시키면, 잡종 1대에서는 둥글고 황색인 자손만 나와요. 잡종 1대를 자가 수분하였을 때 나타나는 잡종 2대는 어떨까요?

잡종 2대의 실험 결과는 다음 그림과 같아요.

둥글고 황색인 형질이 우성이므로, 잡종 1대에서는 둥글고 황색인 완두만 나왔어요. 이때 잡종 1대의 둥글고 황색인 완두의 유전자형은 RrYy이에요. 여기서 생식 세포가 생성될 때는 완두 모양과 완두 색깔

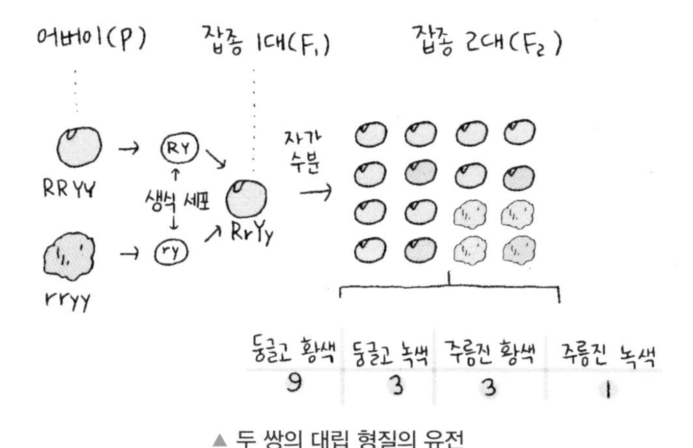

▲ 두 쌍의 대립 형질의 유전

의 대립 유전자가 하나씩 분리되어 각각의 생식 세포로 들어가므로, 생식 세포는 RY, Ry, rY, ry가 모두 같은 확률로 생겨요. 이 생식 세포들이 만나서 생기는 잡종 2대는 그 수가 매우 많아요.

잡종 2대에서 나오는 유전자형은 너무 복잡해요. 하지만 표현형을 비교해 보면 둥글고 황색인 완두 : 둥글고 녹색인 완두 : 주름지고 황색인 완두 : 주름지고 녹색인 완두는 9 : 3 : 3 : 1로 생성된답니다.

이때 잡종 2대에 나오는 개체를 완두의 모양과 색깔별로 각각 비율을 구해 보면 둥근 완두 : 주름진 완두는 12 : 4로 3 : 1의 비율이고, 황색인 완두 : 녹색인 완두도 12 : 4로 3 : 1의 비율로 생성되는 것을 볼 수 있어요. 각각의 형질을 하나씩 비교하는 실험에서도 잡종 2대에서는 우성 형질과 열성 형질이 3 : 1로 나오지요?

두 형질이 함께 유전되는 경우에도 각각의 형질에 대해서 똑같이 우성과 열성이 3 : 1의 비율로 나오는 것을 알 수 있어요. 이것은 완두의 모양과 색깔을 나타내는 유전자가 서로 다른 상동 염색체 위에 있어서 생식 세포를 형성할 때 서로 영향을 주지 않고 각각 독립적으로 행동하기 때문이에요.

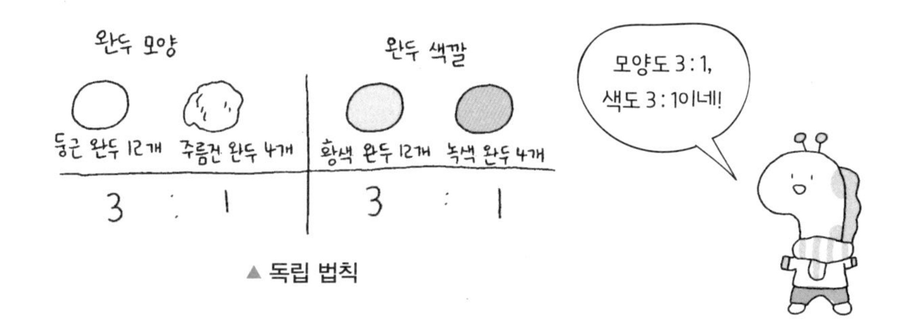

▲ 독립 법칙

따라서 두 쌍 이상의 대립 형질이 동시에 유전될 때 각각의 형질은 서로 영향을 주지 않으며 우성과 열성, 분리의 법칙에 따라 독립적으로 유전하지요. 이러한 현상을 **독립 법칙**이라고 해요.

> **독립 법칙**
> 두 쌍 이상의 대립 형질이 유전되는 경우, 각각의 대립 형질은 서로 다른 형질의 영향을 받지 않고 우성과 열성, 분리의 법칙에 따라 독립적으로 유전되는 현상

이렇게 멘델이 발견한 우성과 열성의 원리, 분리 법칙, 독립 법칙은 유전 현상을 연구하는 기본 원리가 되어 유전학의 발전에 중요한 역할을 하였어요.

개념체크

1 생식 세포를 만드는 과정에서 한 쌍의 대립 유전자가 분리되어 서로 다른 생식 세포로 들어가는 현상은?

2 두 쌍 이상의 대립 형질이 동시에 유전될 때 각각의 형질은 서로 영향을 주지 않으며 독립적으로 유전되는 현상은?

답 1. 분리 법칙 2. 독립 법칙

25 사람의 유전

우린 서로를 알아볼 수 있어!

웃을 때 생기는 보조개는 남녀 모두에게 나타날 수 있어요. 보조개 외에도 사람이 가지는 유전 형질에는 어떤 것이 있을까요? 또, 어떤 원리로 유전이 되는 것일까요?

사람의 유전 형질

완두는 그 모양이나 색깔, 꽃의 색깔, 꽃이 피는 위치, 콩깍지의 모양이나 색깔 등의 대립 형질을 가지고 있어요.

사람의 유전 형질에는 어떤 것이 있을까요? 사람의 유전 형질에는 혀 말기, 눈꺼풀의 모양, 보조개, 귓불 모양, 엄지 모양 등이 있어요. 지금 거울을 보면서 나는 혀가 말아지는지, 쌍꺼풀이 있는지, 입을 움직이면 보조개가 나타나는지, 귓불과 엄지 모양은 어떤지 확인해 보세요. 그리고 친구와 한번 비교해 보세요. 신기하지요?

사람의 유전 연구 방법

멘델의 완두와 달리 사람의 경우는 한 세대가 길고 한 번에 낳는 자손의 수도 적어요. 게다가 사람은 자유롭게 교배하는 실험을 할 수도 없기 때문에 유전 현상을 알아내는 데 필요한 통계 자료를 얻기가 어려워요. 그렇다면 사람의 유전 형질이나 유전되는 방식을 어떻게 알아낼 수 있을까요?

사람의 유전은 가계도를 조사해서 연구할 수 있어요. **가계도 조사**는 특정한 형질을 가지고 있는 가족을 조사해 그 형질이 어떻게 유전되는지를 알아보는 방법이에요. 가계도를 분석하면 여러 가지 유전 형질의 우열 관계를 알 수 있고, 특정한 형질이 자손에게 나타날 확률도 예측할 수 있어요. 예를 들어, 가족 관계에서 쌍꺼풀과 외꺼풀의 유무를 조사하여 가계도를 나타내면 쌍꺼풀이 우성이며, 다음에 태어날 자손이 쌍꺼풀인지 외꺼풀인지를 예측할 수 있어요.

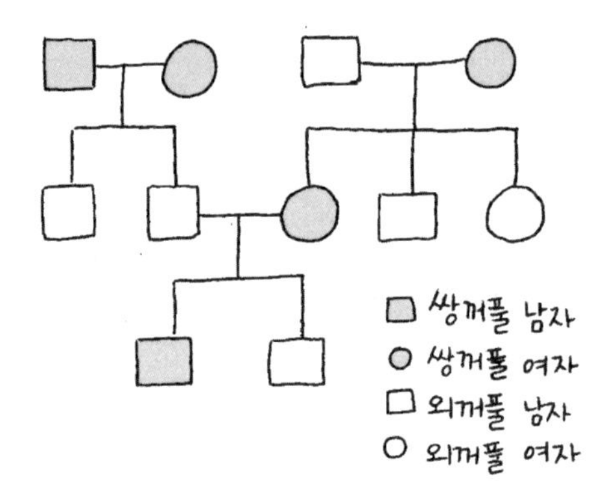

다음으로는 **쌍둥이 조사**가 있어요. 같은 수정란이 둘로 나뉜 1란성 쌍둥이와 각기 다른 2개의 수정란이 동시에 발생한 2란성 쌍둥이를 대상으로 연구하는 방법이에요. 쌍둥이가 어떤 성장 환경에서 자랐는지, 특정 형질은 어떻게 나타나는지를 비교하면 그 형질이 유전에 의한 것인지, 환경의 영향을 받아 나타나는 것인지를 알아낼 수 있어요. 최근에는 유전학과 생명 과학 기술의 발달로 염색체와 특정 유전자를 직접 연구하게 되면서 사람의 유전 현상에 대해 많은 것이 밝혀지고 있어요.

상염색체에 의한 유전

남녀 모두에게 공통적으로 있는 상염색체에 1쌍의 대립 유전자가 존재하면서 결정되는 형질은 남녀에 따라 나타나는 빈도의 차이가 거의 없어요. 예를 들어, 귓불 모양이나 보조개를 결정짓는 유전자는 **상염색체**에 존재해요. 따라서 남녀 모두 같은 빈도로 나타나요.

ABO식 혈액형을 결정하는 유전자도 상염색체가 있어 남녀 모두 같은 빈도로 혈액형이 나타나요. 대립 형질을 나타내는 대립 유전자가 대부분 2종류인데 반해, ABO식 혈액형을 결정하는 대립 유전자는 특이하게 A, B, O 세 가지예요. 이때 대립 유전자 A와 B는 O에 대해 우성이며, 대립 유전자 A와 B는 우열 관계가 없다는 특징이 있어요. 따라서 혈액형을 표현형으로 나타내면 A형, B형, O형이 있지만, 유전자형으로 나타내면 조금 달라요.

즉, 표현형이 A형인 사람은 유전자형이 AA이거나 AO이고, 표현형이 B형인 사람은 유전자형이 BB이거나 BO예요. 그리고 표현형이 O형인 사람은 유전자형이 OO만 있어요.

표현형	A형	B형	O형	AB형
유전자형	AA, AO	BB, BO	OO	AB

ABO식 혈액형의 유전을 가계도 분석을 통해 살펴볼까요? 그림에서 A형인 재호와 O형인 재희가 결혼해서 자녀를 낳았을 때, 자녀의 혈액형은 어떻게 나올까요? 먼저 재호, 재희의 유전자형을 알아야 해요. A형인 재호는 AB형 아버지에게서 A 유전자와 O형인 어머니에게서 O 유전자를 받아 AO인 유전자를 가졌어요. 즉, 유전자형은 AO예요. 반면, O형의 유전자형은 OO만 있으므로 재희의 유전자형은 OO가 되지요. 이제 두 사람의 자녀는 재호로부터 A 유전자와 O 유전자를 각각 받을 수 있고, 재희로부터 O 유전자만 받을 수 있으므로, 자녀의 혈

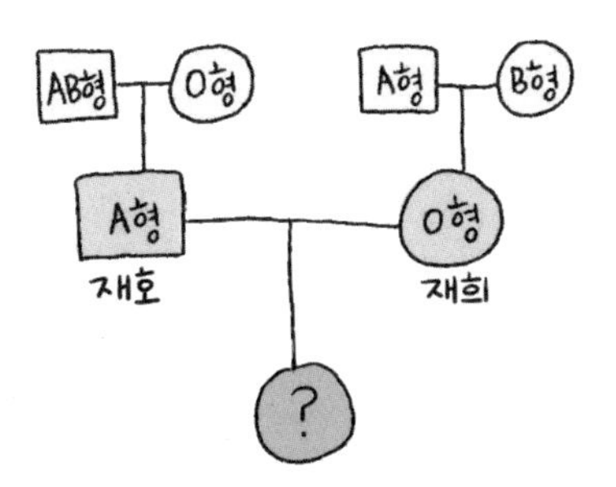

액형 유전자형은 AO이거나 OO일 수 있어요. 따라서 자녀는 표현형으로 A형인 자녀와 O형인 자녀가 1:1의 확률로 태어날 수 있지요.

성염색체에 의한 유전

앞에서 사람은 23쌍의 염색체를 가지고 있다고 배웠죠? 이 중에서 1쌍은 성염색체예요. 즉, 남녀 성별을 결정하는 염색체를 가지고 있다는 뜻이에요. 만약 형질을 결정하는 유전자가 성염색체에 있을 경우에 유전 형질이 나타나는 빈도는 남녀에 따라 차이가 생기는데, 이러한 유전 현상을 **반성 유전**이라고 해요. 반성 유전의 예로는 적록 색맹과 혈우병이 있어요.

적록 색맹은 붉은색과 초록색을 잘 구별하지 못하는 유전 형질로, 적록 색맹 유전자는 X 염색체에 있고, 정상 염색체에 대해서 열성이에요. 따라서 여자는 X 염색체 두 개인 XX로 성별이 결정돼요. 그러므로 적록 색맹 유전자를 하나 가지고 있어도 다른 정상 유전자인 X가 우성이어서 적록 색맹이 나타나지 않아요.

남자는 XY로 성별이 결정되므로, X가 적록 색맹 유전자라면 Y 유전자가 적록 색맹 유전자에 아무런 작용을 하지 못해요. 그래서 적록 색맹의 유전 형질이 나타나게 돼요. 이 때문에 적록 색맹은 남녀 모두에게 나타나지만, 여자보다 남자에게 더 많이 나타나는 것이에요.

개념체크

1 사람의 유전을 연구할 때, 특정한 형질을 가지고 있는 가계에서 그 형질이 어떻게 유전되는지를 알아보는 방법은?

2 적록 색맹은 남녀에 따라 나타나는 빈도가 다른데, 이것은 적록 색맹 유전자가 어디에 있기 때문인가?

답 1. 가계도 조사 2. 성염색체

지구과학

사람에게는 그 어떤 것도 가르칠 수 없다.
단지 자신의 내면에 있는 것을 발견하도록 도와줄 수 있을 뿐이다.

– 갈릴레오 갈릴레이

01 지권의 구조

지구 내부는 삶은 계란 같아!

SF 영화에서 주인공이 특수 탐사선을 이용하여 지구의 내부를 뚫고 들어가는 장면을 본 적이 있나요? 지구 내부가 영화의 소재가 된 것은 실제 지구 내부에 대한 궁금증 때문이겠죠. 지구 내부가 어떻게 생겼는지 알 수 있을까요?

지구 내부 조사 방법

우리 주변에 있는 물체는 항상 겉과 속이 같을까요? 예를 들어서 키위나 수박을 잘라 보면 겉과 속이 완전히 달라요. 반면에, 무나 당근을 잘랐을 때는 겉과 속이 거의 똑같아요. 이렇게 겉과 속이 같은 경우도 있고, 전혀 다른 경우도 있기 때문에, 겉만 보아서는 내부를 정확하게 알아내기 어려워요. 지구 내부는 겉에서 보는 것과 같을까요?

지구의 겉은 단단한 **지각**, 즉 암석으로 되어 있어요. 지구 내부도 단단한 암석으로 되어 있을까요? 지구 내부를 알아보려면 어떻게 해야 할까요?

"지구의 겉에서부터 속까지 계속 파 보면 되잖아요."라고 말할 수 있어요. 지구 표면에서부터 직접 뚫고 들어가면서 내부를 조사하면 가장 정확하게 지구 내부를 알 수 있어요. 실제 이러한 조사 방법을 시추법이라고 해요. 그러나 현재의 모든 장비를 이용해서 최대한 뚫을 수 있는 지구 깊이는 약 13 km에 불과해요. 지구의 반지름이 6400 km이니까 시추법으로는 지구 반지름의 600분의 1에 해당하는 부분만 알 수 있어요. 수박에 비유하면, 초록색 껍질 부분만 본 것이에요.

지구 내부 깊은 곳까지 볼 수 있는 방법은 없을까요? 오늘날에는 직접 지구를 파고 들어가지 않고도 지구 내부를 어느 정도 알아낼 수 있

과학 선생님@Earth science

Q. 지진으로 어떻게 지구 내부를 알 수 있죠?

지진파를 연구하는 방법은 마치 우리가 속을 잘라 보지 않고, 좋은 수박을 고르는 것과 같아요. 수박을 손등으로 '통통' 하고 두드려 속이 꽉 찼는지 알 수 있는 것처럼, 지구도 지진이 발생할 때 생겨나는 흔들림, 즉 지진파의 전달 모습을 통해 내부를 파악할 수 있는 것이지요.

#통통 #지구는 #그렇게 #귀여운소리로_안나요 #지진 #하나도 #안_귀엽잖아

어요. 가장 효과적인 방법은 바로 지구 내부를 통과하는 **지진파**를 연구하는 것이에요.

지진파 연구를 통해서 어떻게 지구 내부 구조를 알 수 있을까요?

지진을 과학적으로 정의하면, 땅의 지층이 끊어지고 어긋나면서 생겨난 땅속에서의 흔들림이에요. 이때 이 흔들림은 지진파라는 파동의 형태로 전달돼요. 이렇게 발생한 지진파는 전달되는 모양에 따라 크게 P파와 S파로 나눌 수 있어요. P파와 S파의 전달되는 모양이 어떻게 다른지 간단한 실험으로 알아볼까요?

여기 스프링을 하나 준비하고, 좌우로 흔들게 되면, 흔들리는 진동이 옆으로 쭉 나가지요? 즉, 진동 방향과 진행 방향이 나란하게 퍼져 나가요. 이와 같은 파동의 형태를 **P파**라고 해요. P파는 지렁이가 몸을 늘였다 줄였다 하는 것처럼 진행한다고 생각해 보세요.

또, 스프링을 위아래로 흔들면, 흔들림이 옆으로 쭉 나가면서 진동 방향과 진행 방향이 수직이 되면서 퍼져 나가요. 이러한 파동의 형태를

S파라고 해요. S파는 "뱀이 구불구불 기어가는 것과 같이 진행한다."라고 생각하면 쉬울 거예요.

P파와 S파가 전달되는 모양이 다르다 보니 각각의 특성도 달라요. P파는 진동 방향과 진행 방향이 나란해요. 그래서 빠르게 움직이면서 고체, 액체, 기체 상태의 물질을 모두 통과해요. S파는 진동 방향과 진행 방향이 수직을 이루면서 움직이다 보니, P파에 비해 속도가 느리고 고체 물질만 통과해요.

두 지진파가 공통적으로 가지는 특성도 있어요. 지진파는 진행하는 도중에 새로운 물질을 만나면, 그 경계면에서 반사되어 되돌아오거나, 경계면을 통과하더라도 진행하던 방향이 꺾이는 굴절이 일어나요. 반사되거나 굴절되면 속도 차이가 생기게 돼요.

예를 들어, 우리가 땅에서 걷다가 허리 깊이까지 물에 잠겨 걷게 되면 걷기가 힘들어지면서 속도도 달라지고, 방향도 원래 방향과는 차이가 나게 돼죠? 이것처럼 지진파도 퍼져 나가다가 새로운 물질을 만나거나, 그 물질의 상태가 달라지면 속도가 달라져요.

그래서 지구 내부를 통과하는 지진파의 속도를 측정하다가 갑자기 속도가 크게 달라지는 곳이 있다면 “아하! 그곳은 이제껏 지나가던 곳과는 다른 물질로 되어 있구나.”라는 사실을 알 수가 있지요. 이러한 지진파의 성질이 지구 내부의 구조를 알게 해 주는 거예요. 지구 내부로 전달되던 지진파의 속도가 어느 순간 큰 변화, 즉 갑자기 빨라지거나 느려지거나 멈추거나 하는 지점이 발생하면 지구 내부에 새로운 물질이 있는 층이 존재한다는 것을 알 수 있어요.

실제로 지진파가 지구 내부를 통해 전달될 때에 깊이에 따른 속도 변화와 지구의 내부 구조의 관계를 알아볼게요.

다음 그래프는 지구 내부를 통과하는 지진파의 속도를 측정한 결과를 나타낸 것이에요. 세로는 지구 내부의 깊이이고, 가로는 지진파의 속력이에요.

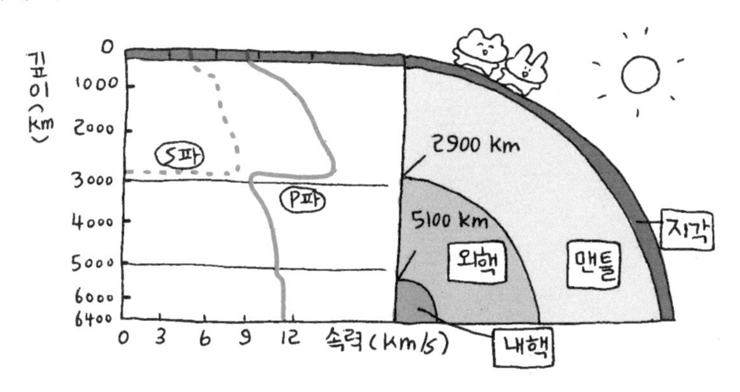

P파를 잘 보면, 깊이 35 km, 깊이 2900 km, 깊이 5100 km에서 속도가 갑자기 느려지거나 빨라지는 것을 볼 수 있어요. 이렇게 지구 내부로 갈수록 갑작스러운 속도 변화가 있다는 사실로 지구 내부가 세 곳을 경계면으로 하여 4개의 구간으로 구분된다는 것을 알 수 있죠. 이때 이 4개의 구간을 겉에서부터 각각 지각, 맨틀, 외핵, 내핵이라고 해요.

지권의 층상 구조

지각은 지구 가장 바깥쪽에 있는 얇은 층이에요. 우리가 발을 디디고 있는 땅을 떠올려 보면 돼요. 이러한 지각은 대륙 지각과 해양 지각으로 나눌 수 있어요. 대륙 지각의 평균 두께는 약 35 km이며, 화강암질 암석으로 이루어져 있어요. 반면에 해양 지각은 평균 두께가 약 5 km로, 대륙 지각을 구성하는 암석보다 밀도가 큰 현무암질 암석으로 이루어져 있어요.

지각의 바로 아래에는 지각과는 다른 물질로 이루어진 **맨틀**이 있어요.

맨틀은 지구 표면에서부터 약 2900 km까지로, 지구 전체 부피의 약 80 %를 차지해요. 지구의 거의 대부분을 차지한다고 볼 수 있어요. 맨틀을 구성하는 암석은 지각을 이루는 암석보다 더 무거운 종류의 암석이에요.

맨틀 아래에는 **외핵**과 **내핵**이 존재하는데, 외핵과 내핵은 둘 다 무거운 철과 니켈 등으로 이루어져 있어요. 외핵과 내핵은 같은 물질로 이루어져 있는데도 지진파가 통과하면서 그 경계면에서의 속도가 달라져요. 왜 그럴까요? 그건 바로, 외핵과 내핵의 상태가 다르기 때문이에요. 외핵은 액체 상태, 내핵은 고체 상태이기 때문에 지진파가 외핵으로 진행하다가 내핵을 만나면서 속도가 달라지는 것이에요.

이렇게 지권은 층을 이루고 있는 구조예요. 쉽게 생각해서 삶은 계란

을 지구라고 생각하고 달걀의 딱딱한 껍데기 부분은 지각, 그 다음의 가장 많은 부분을 차지하는 흰자를 맨틀, 그리고 노른자를 외핵과 내핵을 합친 핵이라고 보면 돼요.

결국, 지구의 지각 위에 사는 우리는 이 딱딱한 지각 밖에는 볼 수 없지만, 지구 내부는 하나의 균일한 물질로 되어 있는 것이 아니라 계란과 같이 층을 이루고 있다는 사실을 꼭 기억해 두세요.

개념체크

1 A~D 중에서 가장 많은 부피를 차지하는 곳의 기호와 명칭은 무엇인가?

2 A~D 중에서 액체 상태로 추정되는 곳의 기호와 명칭은 무엇인가?

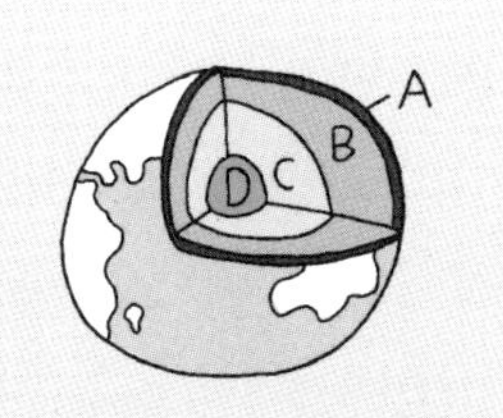

답 1. B, 맨틀 2. C, 외핵

02 암석(화성암, 퇴적암)

뜨거운 액체도, 차곡차곡 쌓인 알갱이도 단단한 암석이 될 수 있다고!

우리 주변에 있는 많은 돌멩이들이 바로 암석이에요. 암석들을 유심히 살펴보면 그 특징이 조금씩 다른 것을 알 수 있어요. 색깔이 밝은 것도 있고, 어두운 것도 있고, 줄무늬가 있는 암석도 있어요. 암석마다 왜 이렇게 다른 걸까요?

화성암

유리를 어떻게 만드는지 아세요? 유리는 딱딱한 석회암이나 모래에 소다, 재 등을 넣고 뜨거운 용광로에서 녹인 후 적당한 틀 속에 넣어 식혀서 여러 가지 모양으로 만들어요. 이와 비슷한 일이 지구 내부에서도 일어나고 있어요.

지하 깊은 곳의 지각을 이루는 암석이 유리를 만들 때보다 훨씬 높은 열과 압력에 의해 부분적으로 녹으면 마그마가 돼요. 이것이 다시 식어서 굳어지면 단단한 암석이 되지요. 이와 같이 마그마가 식어서 굳어진 암석을 **화성암**이라고 해요. 마그마가 어디서 생겨나고, 어디서 굳어질까요? 우선, 마그마는 지각의 아래쪽에서 생겨나며 뜨거운 액체 상태예요.

마그마는 지각의 약한 틈을 뚫고 올라와 지하 깊은 곳을 파고들거나 지표면까지 올라와서 땅을 뚫고 분출되기도 해요. 이때 지표면까지 올라와 화산 근처로 분출된 마그마는 빠른 속도로 식어요. 마치 우리가 목욕탕 안에 있다가 문을 열고 나오면 시원해지는 것과 같아요. 이렇게 지구 밖으로 나온 마그마가 빠르게 굳어진 화성암을 **화산암**이라고 해요. 화산암에는 현무암과 유문암이 있어요. 반면에 지하 깊은 곳으로 파고든 마그마는 아주 서서히 식어요. 우리가 두꺼운 이불을 여러 겹 덮고 있으면 보온이 되어 온도가 아주 천천히 내려가는 것과 같아요.

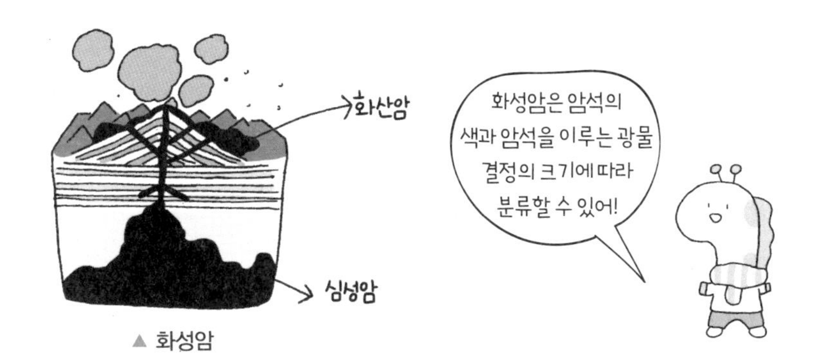

▲ 화성암

이렇게 마그마가 지하 깊은 곳에서 아주 느리게 식어서 단단해진 화성암을 **심성암**이라고 해요. 심성암에는 화강암과 반려암이 았어요.

화산암과 심성암은 같은 화성암이지만 화성암을 구성하는 광물 결정의 크기가 달라요. 화산암은 마그마가 빠르게 냉각되므로 광물 결정이 만들어질 시간이 없이 바로 굳어져 결정이 거의 없어요. 반면에 심성암은 마그마가 매우 천천히 식어서 굳어지므로 결정이 커요.

화성암은 광물의 크기 외에도 색이 밝은 것과 어두운 것으로 분류할 수 있어요. 화강암이나 유문암은 밝은색 광물을 많이 포함하고 있어 밝은색을 띠고, 현무암이나 반려암은 어두운색 광물을 많이 포함하고 있어 어두운색을 띠고 있어요.

퇴적암

공사 현장에서 콘크리트를 만드는 것을 본 적이 있나요? 모래와 자갈에 시멘트와 물을 섞고 굳혀 주면 단단한 콘크리트가 만들어져요. 그런데 호수나 바다 밑에서도 이와 비슷한 일이 벌어지고 있어요. 물론, 콘크리트를 만드는 것보다 훨씬 시간이 많이 걸리지만 진흙, 모래, 자갈 등의 여러 가지 물질이 쌓이고 굳어져서 콘크리트와 같이 암석이 만들어져요. 이렇게 퇴적물이 쌓여서 오랫동안 다져지고 굳어져 만들어진 암석을 **퇴적암**이라고 해요.

지표를 흐르던 강물은 바다와 만나게 되는데, 이때 강물이 흐르면서 지표면의 바닥과 옆면을 깎는 침식 작용이 일어나요. 침식 작용으로 깎여진 퇴적물들은 호수나 바다까지 운반되지요. 흐르는 물의 속도가 바다와 만나면서 느려지면 운반해 온 물질을 내려놓고 쌓아 두게 돼요. 이렇게 퇴적된 물질들은 오랜 시간이 지나면 위쪽 퇴적물의 무게 때문에 아래쪽 퇴적물이 눌리게 돼요. 그리고 퇴적물 사이사이에 접착제 역할을 하는 물질들이 들어가서 서로 달라붙어 굳어져 단단한 퇴적암이 되는 것이에요.

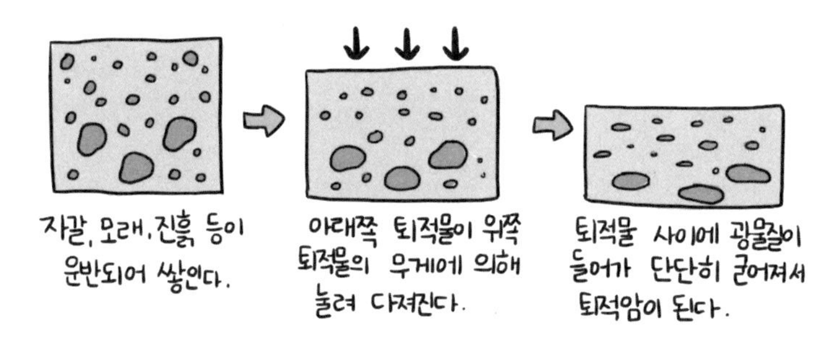

과학 선생님 @Earth science

Q. 호수나 바다에는 모두 같은 퇴적물이 쌓이나요?

깊이가 얕은 곳에는 자갈처럼 덩치가 크고 무거운 퇴적물이 쌓이고, 바다 쪽으로 갈수록 모래나 진흙처럼 작고 가벼운 물질이 운반되어 쌓이게 돼요.

#계곡가면 #자갈이 많고 #바다가면 #모래가 많은_이유

퇴적암이 만들어지는 과정은 강정을 만드는 과정과 비슷해요. 강정을 만들 때 쌀가루, 콩, 깨 등 여러 가지 재료를 모아 놓고, 그 사이사이에 접착제 역할을 하는 엿을 버무려서 눌러 주면 강정이 잘 만들어지거든요. 그런데 강정도 깨만 사용해서 만든 깨강정도 있고 땅콩만으로 만든 땅콩강정 등 종류가 다양해요. 퇴적암도 마찬가지예요.

퇴적암은 어떤 퇴적물이 쌓여 만들어졌느냐에 따라 여러 종류가 있어요. 굵은 자갈이 많이 퇴적되어 만들어지면 한자어로 "자갈 력(礫)" 자를 써서 **역암**이라고 하고, 고운 모래가 주로 퇴적되어 만들어지면 "모래 사(沙)" 자를 써서 **사암**이라고 해요. 또한, 진흙이 쌓여서 굳어지면 **셰일**이라고 해요. 물에 녹아 있던 석회질 물질이나 조개껍데기, 산호와 같은 생물의 유해가 굳어진 퇴적암도 있는데, 이것은 **석회암**이라고 해요. 한편, 화산재가 쌓여서 만들어진 퇴적암을 **응회암**이라고 해요. 중국 지린성에 있는 고구려 광개토 대왕의 업적을 새긴 광개토 대왕릉비가 응회암으로 된 것이랍니다.

퇴적암은 그 생성 과정의 특성 때문에 중요한 두 가지 특징이 나타나요. 바로 층리와 화석이에요. **층리는 퇴적암에 나타나는 평행한 줄무늬**에요. 퇴적물이 차곡차곡 쌓일 때, 한 종류의 퇴적물만 쌓이는 것이 아니라 다른 종류의 퇴적물이 번갈아 쌓이면서 오랜 시간 뒤에 층이 나뉘어 나타나는 것이에요.

두 번째로 **화석**은 과거에 살았던 생물의 유해나 흔적을 뜻하는데, 퇴적암에서만 발견돼요.

그 이유는 퇴적암이 생성되는 과정에서 퇴적물이 쌓일 때, 생물의 유해가 함께 쌓이기 때문이에요. 그 위로 퇴적물이 계속해서 쌓이고 굳어지고 단단해지면 생물의 유해나 흔적이 상하지 않고 보존되었다가 오랜 세월 뒤에 화석으로 발견되는 것이에요. 만약, 화성암이었다면 뜨거운 마그마에 녹아 생물의 유해나 흔적이 남아 있을 수 없겠죠?

개념체크

1 화성암 중 지하 깊은 곳에서 마그마가 서서히 냉각되어 굳어진 암석은?

2 다음의 퇴적물이 굳어져서 단단해지면 어떤 퇴적암이 되는가?

(1) 진흙 (2) 모래 (3) 화산재 (4) 자갈

답 1. 심성암 2. (1) 셰일 (2) 사암 (3) 응회암 (4) 역암

탐구 STAGRAM

화성암 결정의 크기

Science Teacher

① 스테아르산을 물중탕하여 녹인 후, 더운물과 얼음물 위에 띄운 페트리 접시에 각각 붓는다.

② 식혀서 굳힌 스테아르산 결정의 크기를 관찰한다.

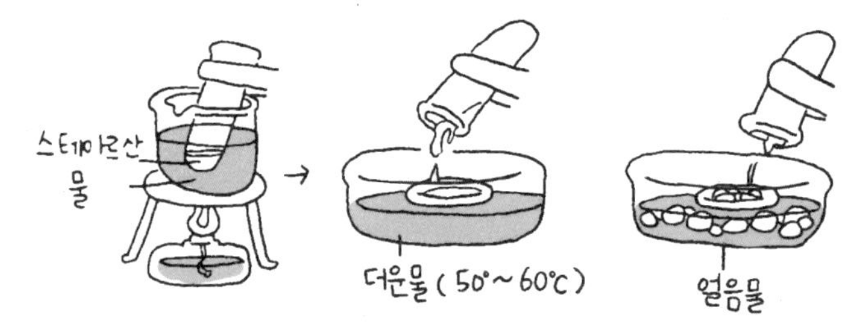

좋아요 ♥ # 화성암 # 스테아르산 # 결정크기 # 마그마

냉각된 스테아르산의 결정 크기는 어느 쪽이 더 큰가요?

더운물에서 식혔을 때예요. 얼음물에서는 바로 굳어져서 결정이 될 시간이 없어요. 그러나 더운물에서는 서서히 냉각되므로 결정이 생길 충분한 시간이 있어 스테아르산 결정의 크기가 더 커요.

그럼, 화성암의 결정도 마그마가 냉각되는 속도와 관련이 있나요?

네. 맞아요. 화성암도 마그마가 지하 깊은 곳에서 서서히 냉각되면 결정이 생길 수 있는 충분한 시간이 있어서 화성암을 이루는 결정의 크기가 크답니다.

새로운 댓글을 작성해 주세요. 등록

이것만은!
- 스테아르산이 천천히 냉각될수록 결정 크기가 크다.
- 화성암의 결정 크기는 마그마의 냉각 속도에 따라 달라진다.
- 마그마의 냉각 속도가 느릴수록 화성암의 결정 크기는 크다.

암석(변성암, 암석의 순환)

열과 압력을 받으면 새로운 내가 되는 거야!

빵 만드는 것을 본 적이 있나요? 빵은 우유, 버터, 계란, 밀가루, 설탕 등을 잘 섞어 반죽한 후 오븐에 넣어 구워서 만들어요. 이러한 일이 지구 내부에서도 일어나고 있다면 어떨까요?

변성암의 생성 과정

지구는 내부로 들어갈수록 온도가 엄청나게 높아져요. 지구 내부를 하나의 커다란 오븐이라고 생각해 볼까요? 이때 지구 오븐 속에 돌이라는 밀가루 반죽이 들어가서 구워지면 맛있는 빵, 즉 새로운 암석이 생긴다고 할 수 있는데, 그 암석이 바로 변성암이에요.

변성암은 한자로 변한다는 뜻의 '변(變)', 만들어진다는 뜻의 '성(成)'자를 써요. 즉, 기존의 암석이 성질이 변하면서 만들어진다는 뜻이에요. 앞에서 배운 화성암이나 퇴적암이 지구 내부로 들어가게 되면 지표보다 높은 열과 압력이 있는 지구 내부 오븐에서 구워지면서 암석의 성질이 바뀌게 되지요. 이렇게 되면 처음의 암석과는 다른 새로운 암석으로 변하는데, 이러한 암석이 바로 **변성암**이에요.

과학 선생님 @Earth science

Q. 한자 이름으로 암석의 생성 과정을 구분할 수 있나요?

변성암에서 '변(變)'은 한자로 '변한다'는 뜻으로, 기존의 암석의 성질이 변해서 생긴 암석이에요. 화성암은 '화(火)'가 한자로 '불'을 뜻하니 뜨거운 마그마가 식어서 생긴 암석이에요. 퇴적암은 '퇴적'이 '쌓인다'는 뜻이므로, 퇴적물이 쌓여서 만들어진 암석이라고 알아 두면 기억하기 좋아요.

#변하니_변성암 #뜨거운 #화산 #화성암 #퇴적되니 #퇴적암

변성암의 특징

변성암은 원래 암석의 성질이 변해서 새로운 암석이 된 것으로, 변성암에서만 나타나는 특징이 있어요. 바로 **엽리**라고 하는 변성암에서만 나타나는 줄무늬예요. 줄무늬인 엽리가 생기는 이유는 암석이 높은 열과 압력을 받으면서 눌리기 때문이에요.

그림과 같이 풍선에 검은색 점을 그려둔 후, 수직으로 누르면 검은색 점이 누르는 방향에 수직으로 옆으로 퍼진 줄무늬로 보이지요. 엽리도 바로 이러한 원리로 생성되는 것이에요.

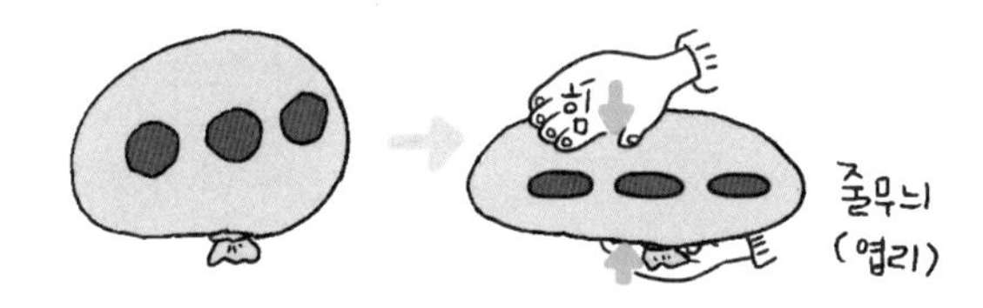

풍선에서는 손이 풍선을 변형했지만 실제 암석에서는 지구 내부로 들어가면서 높은 열과 압력을 받으면서 광물의 결정이 열을 받아서 변하게 돼요. 즉, 위에서 압력이 가해지면서 암석이 눌리게 되고 약해진 광물의 결정 또한 눌리게 되어 옆으로 퍼지게 돼요. 시간이 지나면 이 눌린 모양이 줄무늬로 발견되는 것이에요. 이러한 줄무늬는 누르는 방향(압력을 가한 방향)과는 수직을 이루지요.

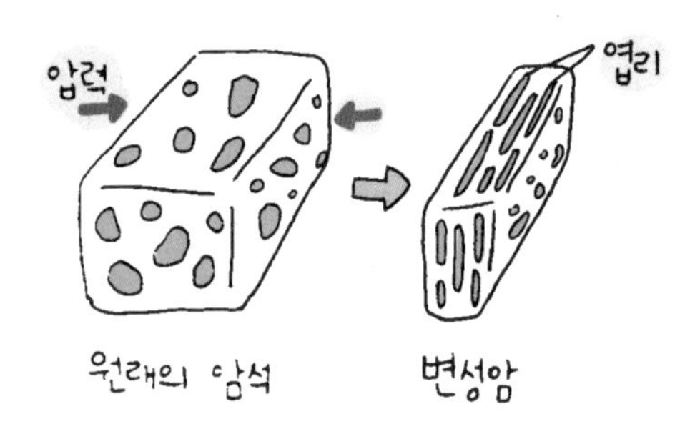

변성암의 종류

변성암은 변성되기 전의 암석의 종류에 따라 다양해요. 우리가 빵을 구울 때 어떤 재료를 썼느냐에 따라 카스텔라, 페이스트리, 머핀처럼 여러 종류의 빵을 만들 수 있는 것과 마찬가지예요.

예를 들어, 셰일이라는 퇴적암은 높은 온도와 압력 아래에서 변성 작용을 받아 편암이나 편마암과 같은 변성암으로 바뀌어요. 또 퇴적암인 석회암은 높은 열에 의해 변성되어 대리암이라는 변성암이 되고, 사암은 규암으로 변하게 돼요.

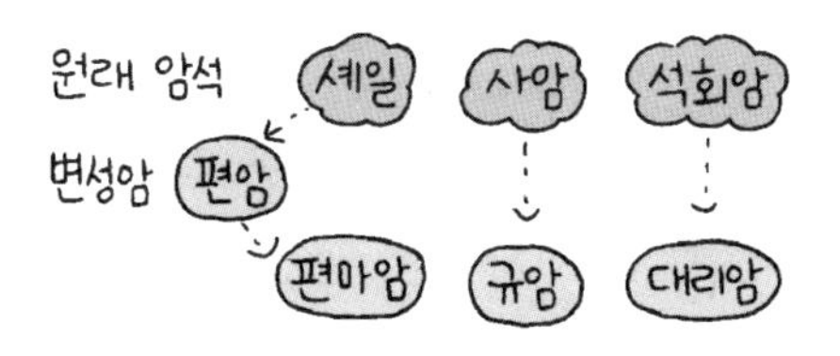

암석의 순환

암석은 생성 과정에 따라 화성암, 퇴적암, 변성암으로 분류할 수 있어요. 이러한 암석은 한번 생성되면 늘 변함없이 화성암, 퇴적암, 변성암으로만 있을까요? 암석은 만들어진 후에, 주변 환경이 달라지면 새로운 환경의 영향을 받아 다른 암석으로 변하게 돼요. 어떤 과정을 통해서 어떻게 변할까요?

지표에 드러난 암석은 풍화와 침식 작용과 같은 깎이는 작용을 받았다가 다시 퇴적되고, 이 퇴적물이 다져지고 굳어지면 퇴적암이 돼요. 이때 지각 변동에 의해서 퇴적암이 지하 깊은 곳으로 이동하게 되면, 지표보다 훨씬 높은 열과 압력을 받아요. 이 때문에 암석의 성질이 변하면서 변성암이 되지요. 그리고 다시 더 높은 열과 압력을 받으면 녹아서 마그마가 되겠지요? 이러한 마그마가 지각의 약한 틈을 뚫고서 지하 깊은 곳이나 지표면으로 분출되어 식으면 다시 화성암이 되는 것이죠. 지표면에 노출된 화성암이 다시 풍화와 침식 작용을 받아 부서지면, 또 퇴적물이 되는 과정을 반복하면서 암석은 지구 환경의 변화에 따라 지표와 지구 내부에서 끊임없이 다른 암석으로 변하게 돼요. 이러한 과정을 **암석의 순환**이라고 해요.

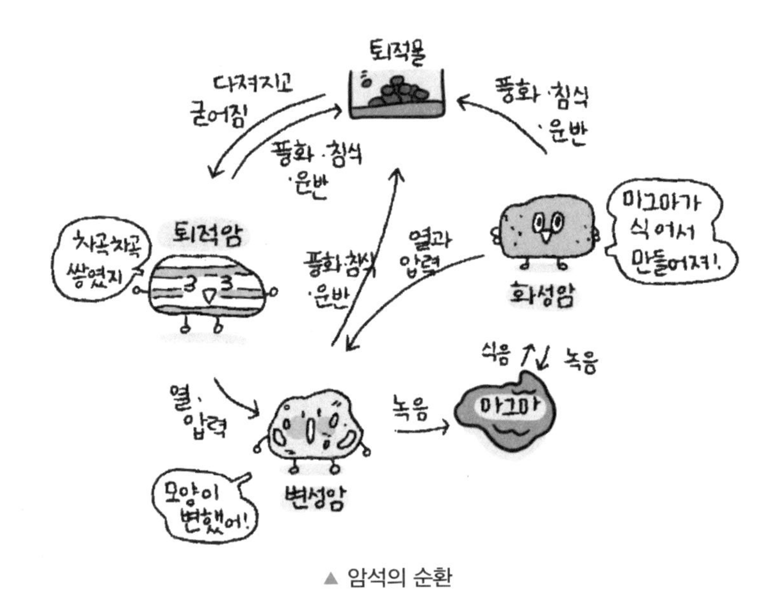

▲ 암석의 순환

개념체크

1 변성암에 나타나는 줄무늬를 무엇이라고 하는가?

2 다음은 변성을 받기 전의 암석을 나타낸 것이다. 이 암석이 변성을 받았을 때 생성되는 변성암의 이름을 쓰시오.

(1) 사암　　(2) 화강암

(3) 석회암　　(4) 셰일

답 1. 엽리 2. (1) 규암 (2) 편마암 (3) 대리암 (4) 편암, 편마암

광물

암석이 초코칩 쿠키 같아!

우리가 살고 있는 이 땅, 지각은 많은 돌멩이, 즉 암석으로 구성되어 있어요. 그런데 이러한 암석도 자세히 보면 다양한 종류의 작은 알갱이들로 이루어져 있어요. 이러한 알갱이는 무엇일까요?

조암 광물

암석에는 다양한 색과 크기의 알갱이들이 들어 있어요. 이렇게 암석을 이루는 기본 알갱이를 **광물**이라고 해요. 현재까지 지각 속에서 발견된 광물은 약 4000여 종으로 매우 다양해요. 그러나 대부분의 암석에 들어 있는 주된 광물은 종류가 몇 안 되는데, 이러한 암석을 이루는 주된 광물을 **조암 광물**이라고 해요.

조암 광물은 약 20여 개로 그중에서도 특히 흔한 광물은 석영, 장석, 흑운모, 각섬석, 휘석, 감람석이에요. 이들 중에서 가장 많은 광물은 전체 조암 광물의 51 %를 차지하는 장석이고, 다음으로 많은 것은 12 %를 차지하는 석영이에요. 장석과 석영은 밝은색을 띠고, 휘석, 각섬석, 흑운모, 감람석은 어두운색을 띠고 있어요.

과학 선생님 @Earth science

Q. 화강암은 밝고 현무암은 어두운 이유는 무엇인가요?

암석을 구성하는 광물의 종류와 비율에 따라 암석의 색이 달라져요. 화강암은 장석, 석영과 같은 밝은색 광물이 많이 포함되어 있어요. 반면, 현무암은 휘석, 각섬석, 감람석과 같은 어두운색 광물이 많이 포함되어 있어요.

#광물에_따라 #달라지는 #암석의_색깔

광물의 특성

많은 종류의 광물을 구별하려면 각 광물이 가지는 특성을 알아야 해요. 광물을 구별할 수 있는 특성에는 무엇이 있을까요?

첫 번째 특성은 광물의 **겉보기 색**이에요. 광물을 보았을 때 나타나는 광물의 고유한 색을 말해요. 장석은 분홍색을 띠고, 석영은 무색투명해요. 흑운모는 검은색, 각섬석은 짙은 회색이에요. 따라서 광물의 색으로도 어느 정도 광물을 구별할 수 있어요.

그러나 광물 중에는 겉보기 색이 같은 광물이 있어요. 바로 황철석과 황동석이에요. 이 두 광물은 겉보기 색이 모두 노란색을 띠고 있어서 구별하기 어려워요. 따라서 두 광물을 구별할 수 있는 또 다른 특성이 필요한데, 바로 광물 가루의 색인 **조흔색**이에요.

단단한 광물을 가루로 만들려면 힘들고 번거롭잖아요. 그래서 조흔판이라는 초벌구이한 자기판에 광물을 긁어서 광물 가루의 색을 확인해요. 조흔판보다 무른 광물을 사용해야 광물 가루가 조흔판에 묻어나겠지요? 조흔판보다 단단한 광물은 긁으면 오히려 조흔판에만 흠집이 생길 수 있으니까요. 황동석, 황철석의 겉보기 색은 모두 노란색이지만 조흔색은 각각 녹흑색, 검은색으로 서로 달라서 구분이 가능해요.

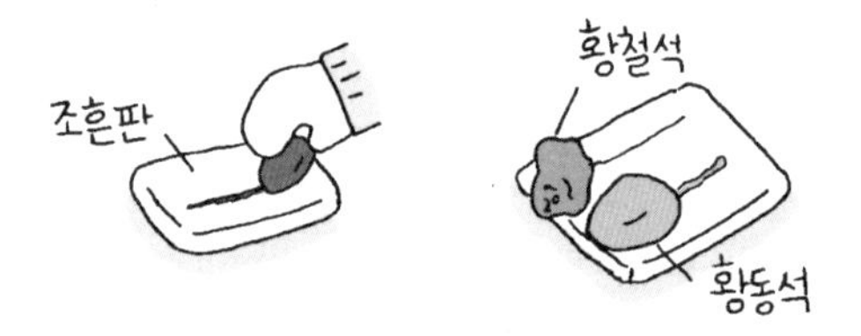

광물이 가지는 또 다른 특징은 굳기예요. 주변의 광물 중에서는 손톱으로만 눌러도 자국이 나는 무른 광물이 있는가 하면, 동전으로 긁어도 긁히지 않는 단단한 광물도 있어요. 이렇게 광물마다 어느 것이 더 단단한지, 무른지를 비교하는 것을 **굳기**라고 해요. 광물의 굳기를 알아보는 가장 좋은 방법은 두 광물을 서로 긁어 보는 것이에요. 두 광물을 서로 긁었을 때 긁히는 쪽이 더 무르고, 긁히지 않은 광물이 더 단단해요.

독일의 과학자 모스는 10개의 표준 광물을 정해 놓고 이 광물을 서로 긁어 봄으로써 굳기를 비교하고, 이것을 모스 굳기계라고 정했어요. 모스 굳기계에서는 가장 무른 광물이 굳기 1의 활석, 가장 단단한 광물이 굳기 10의 금강석이에요. 굳기에서 나타내는 1, 2, 3...의 수치는 2배, 3배씩 더 단단하다는 뜻은 아니고, 숫자가 커질수록 더 단단하다는 것만을 나타내요.

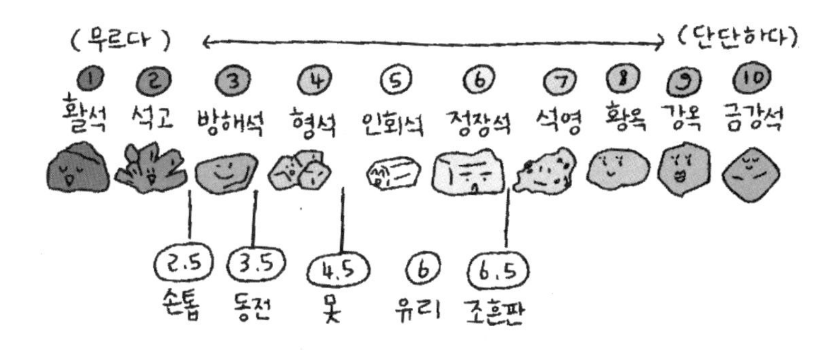

이러한 광물의 특성 외에도 광물을 구별하는 성질이 또 있어요. 바로 자성과 염산과의 반응이에요. 자철석이라는 광물은 자석을 가까이 했을 때, 쇠붙이나 자석에 달라붙어서 자성이 있는 광물임을 확인할 수 있어요. 또 방해석이라는 광물에 묽은 염산을 떨어뜨리면 반응하면서 기체가 발생해요. 이처럼 광물의 특성인 겉보기 색, 조흔색, 굳기, 자성, 묽은 염산과의 반응을 통해서 다양한 광물을 구별해 낼 수 있어요.

개념체크

1 겉보기 색이 거의 비슷한 광물을 손쉽게 구별할 수 있는 광물의 특성은?

2 묽은 염산을 떨어뜨리면 기체가 발생하는 광물은?

답 1. 조흔색 2. 방해석

05 풍화와 토양

단단한 암석이 부드러운 흙으로~

설악산에 가면 울산바위라는 거대한 바윗돌을 볼 수 있어요. 또 산이나 들에서도 바윗돌부터 작은 돌멩이까지 다양한 크기의 돌들을 볼 수 있어요. 단단하던 암석에 어떤 일이 일어났길래 이처럼 크기가 다른 암석 알갱이를 볼 수 있을까요?

풍화

우리가 흔히 보는 돌멩이, 즉 암석에는 크고 작은 틈이 많아요. 이러한 틈 사이로 물이 스며들어, 겨울이 되면 바위틈 사이의 물이 얼어 부피가 늘어나면서 암석의 틈이 점점 벌어지게 되지요. 이처럼 암석 틈 속에 스며든 물이 추운 계절에 얼었다가 따뜻한 계절에 다시 녹았다가 하는 과정을 오랜 시간 동안 반복하면 단단한 암석도 결국 부서지게 되는 것이에요.

암석이 오랜 세월 동안 부서지고 분해되면서 작은 돌 조각이나 흙으로 변하게 되는 현상을 **풍화**라고 해요. 이러한 풍화 작용이 일어나는 원인은 물 외에도 여러 가지가 있어요.

공기 중의 산소는 암석의 표면을 약화하고 부서지게 하는 풍화의 한 원인이에요. 철도 공기 중에 놓아두면 녹슬어서 약해지죠? 이것은 철이 공기 중의 산소와 결합하면서 약화된 것으로, 암석에도 똑같은 일이 일

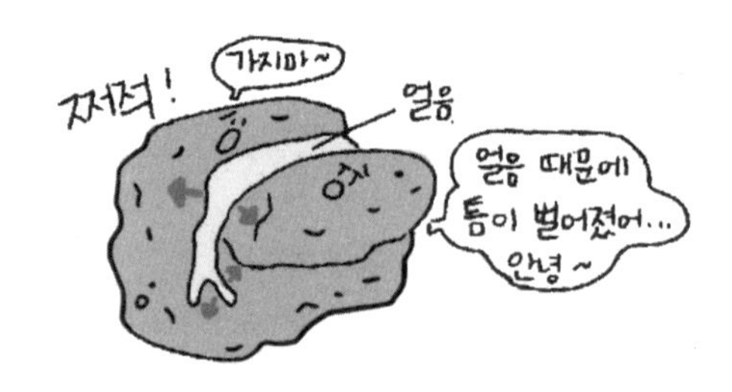

어난답니다. 지하수가 땅속의 암석을 녹이는 것도 풍화에 해당해요.

지하수는 일반 물과 다르게 이산화 탄소가 녹아 있어요. 탄산음료에 이산화 탄소가 녹아 있는 것처럼 지하수에도 이산화 탄소가 녹아서 탄산을 띠게 되지요. 그래서 탄산을 띠는 지하수가 지하의 석회암 지대를 지나면 석회암을 녹여서 동굴을 만들어 내는 것이에요.

식물의 뿌리나 이끼도 암석을 부서지게 해요. 등산을 하다 보면 식물의 뿌리가 암석의 틈을 뚫고 자란 것을 볼 수 있어요. 식물은 비록 약하지만 오랜 시간 동안 암석의 틈 사이를 뚫고 자랄 수 있어요. 이 과정이 계속되면서 암석이 약해지고 부서지게 돼요. 이처럼 물, 공기, 생물 등의 영향으로 큰 암석은 작은 돌 조각이나 모래, 흙으로 변해요.

과학 선생님 @Earth science

Q. 물이 얼면 부피가 늘어나나요?

네~ 보통의 물질은 액체 상태에서 고체 상태로 될 때 부피가 줄어들지만 물은 특이한 구조로 인해 부피가 늘어난답니다. 그래서 암석의 틈에 들어간 물이 얼면 부피가 늘어나고 이때 얼음은 마치 쐐기와 같은 작용을 하여 암석의 틈을 더욱 벌리고 이러한 과정이 반복되면 암석은 잘게 부서지는 것이에요.

#물이_얼면_ #부피가_커져

토양의 생성

암석이 풍화 작용을 계속 받으면 어떻게 될까요? 부서지고 부서지다가 마침내 아주 부드러운 흙이 되겠지요? 이렇게 암석이 오랫동안 풍화를 받아서 잘게 부서져서 생긴 흙이 바로 **토양**이에요. 그렇다고 토양을 단순하게 암석이 부서진 작은 알갱이로 생각하면 안 돼요.

그 이유는 암석이 부서져서 토양이 생성되기까지는 수백 년의 시간이 흐르고, 이 긴 시간 동안 나뭇잎이나 동식물의 유해가 썩어서 만들어진 물질도 함께 토양에 섞이기 때문이에요. 그래서 토양에는 식물이 자랄 수 있는 영양분이 풍부한 물질이 많이 포함되어 있어요. 토양이 생성되는 긴 과정을 알아볼까요?

우선 단단한 암석인 **기반암**의 표면이 여러 원인에 의해서 풍화되면 부서지면서 작은 돌 조각이나 모래 등으로 이루어진 층을 만들어요. 이러한 층을 **모질물**이라고 해요. 이러한 모질물이 계속해서 풍화가 일어나게 되면 더 작게 부서지는 과정이 지속되어 토양이 만들어지는 것이에요. 이때의 토양이 **표토**예요.

시간이 더 지나면서 토양 속으로 빗물이나 지하수가 스며들어 물에 녹아 있던 물질이나 진흙과 같이 아주 작은 입자가 표토의 아래쪽으로 흘러들어 쌓이게 되면 **심토**가 돼요. 심토는 매우 성숙한 토양에서 볼 수 있어요. 특히 표토의 경우, 동식물의 유해가 썩으면서 생성된 물질이 함께 섞여 있어요. 그래서 표토에 식물을 심게 되면 식물에게 풍부한 양분을 제공해 주는 중요한 역할을 하지요.

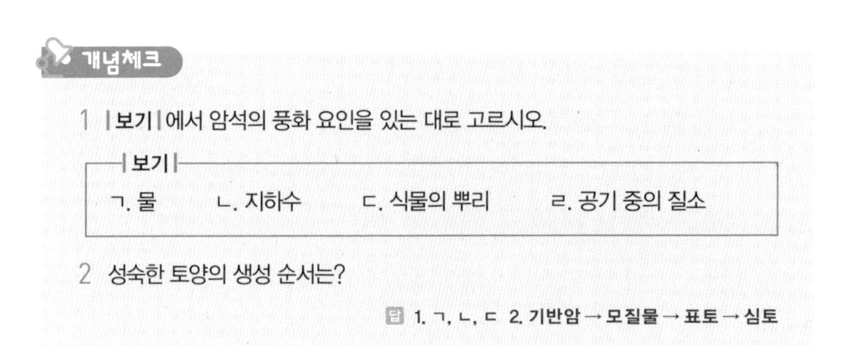
개념체크

1 **| 보기 |** 에서 암석의 풍화 요인을 있는 대로 고르시오.

| 보기 |			
ㄱ. 물	ㄴ. 지하수	ㄷ. 식물의 뿌리	ㄹ. 공기 중의 질소

2 성숙한 토양의 생성 순서는?

답 1. ㄱ, ㄴ, ㄷ 2. 기반암 → 모질물 → 표토 → 심토

06 지권의 운동(대륙 이동설)

대륙은 거대한 유람선!

퍼즐 맞추기를 해 본 적이 있나요? 따로 떨어진 조각 퍼즐이 하나의 작품으로 완성되었을 때를 상상해 보세요. 우리가 살고 있는 대륙도 이런 퍼즐 맞추기가 가능하다면 어떨 것 같나요?

대륙 이동설

지구본으로 대륙을 보면 부분 부분 떨어져 있어요. 그런데 대륙이 원래는 서로 모두 붙어 있었다고 해요. 한 덩어리였던 대륙이 어떻게 지금과 같은 모습으로 분리된 것일까요? 대륙이 서서히 이동하여 지금과 같이 분리되었다고 처음으로 주장한 사람은 바로 독일의 기상학자 베게너예요. 그는 1912년에 《대륙과 해양의 기원》이라는 책을 통해 **대륙 이동설**을 주장하고, 대륙이 이동한 증거를 찾기 시작했어요.

기상학자였던 베게너는 북극의 대기 변화와 빙하를 연구하던 중에, 거대하고 단단한 빙하가 갈라지고 이동하는 것을 관찰하고, 대륙도 빙하처럼 분리되고 움직일 수 있겠다는 아이디어를 얻었답니다.

특히, 정밀하게 만들어진 세계 지도를 보던 중에 현재 떨어져 있는 남아메리카 대륙의 동해안과 아프리카 대륙의 서해안이 퍼즐을 맞추듯이 해안선이 딱 일치한다는 사실을 보고 이것은 원래는 하나로 붙어 있

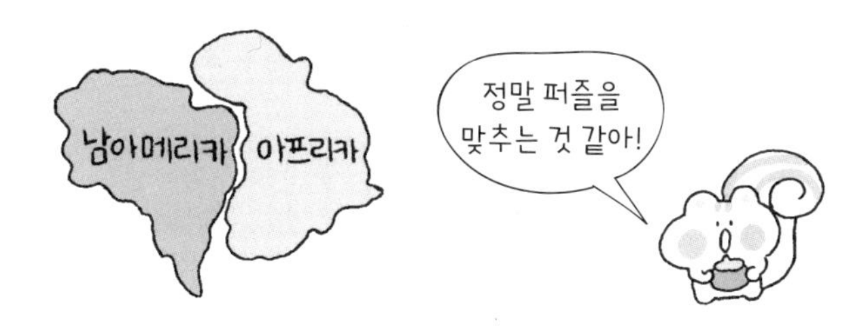

었는데 대륙이 이동하면서 서로 갈라지고, 멀어져서 오늘과 같이 떨어진 분포가 된 것이라고 생각한 것이에요.

베게너가 무엇보다 주목한 것은 바로 화석이에요. 현재 서로 떨어져 있는 남아메리카와 아프리카 대륙에서 같은 종류의 고생물 화석이 발견되었던 것이에요. 글로소프테리스라는 고대 식물은 움직일 수 없는데도 두 대륙에서 모두 화석으로 발견되었어요.

또, 민물에서 살던 동물인 메소사우루스는 바다를 건너 이동할 수 없음에도 현재 대양을 사이에 두고 떨어져 있는 두 대륙에서 화석으로 발견되고 있어요. 이것은 원래는 하나의 대륙에서 살던 생물들이 죽어 땅에 묻히고 화석이 되는 가운데, 대륙이 이동하고 분리되어 오늘날처럼 떨어진 대륙에서 발견된 것을 뜻해요. 즉, 화석은 대륙이 이동했다는 증거가 되는 것이에요.

베게너는 대륙의
해안선 모양, 화석의 분포,
빙하의 흔적 등을 증거로
대륙이 이동했다고
주장했대!

또 다른 근거로는 빙하의 흔적을 들 수 있어요. 현재 열대 지방에 속한 아프리카 대륙에는 과거 빙하가 있었던 흔적이 남아 있어요. 이것은 과거에는 아프리카 대륙이 빙하가 생길 정도의 추운 곳이었다는 것을 뜻해요.

이러한 증거들을 토대로 베게너는 대륙들이 과거에는 하나의 거대한 대륙이었지만, 분리되고 이동하여 오늘날과 같이 여러 대륙으로 갈라진 모습이 되었다는 **대륙 이동설**을 발표하게 되지요.

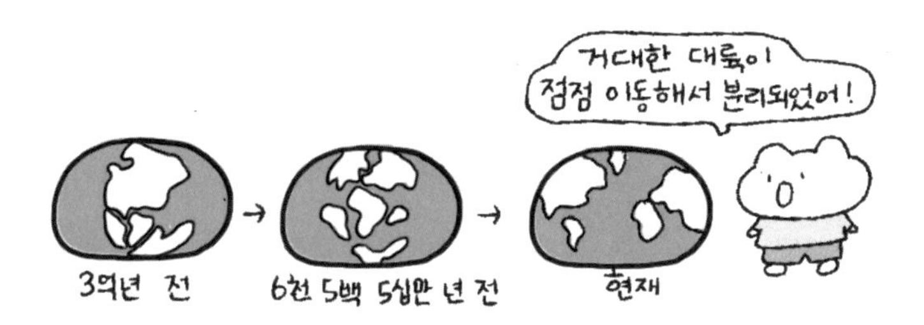

당시 학자들은 대륙 이동설을 받아들이지 않았어요. 베게너가 대륙이 이동했다는 많은 증거를 제시하였지만 대륙을 이동시키는 힘의 근원을 설명하지 못했기 때문이에요. 베게너는 대륙이 이동하게 된 확실한 증거를 찾기 위해 그린란드 빙원을 탐험하다가 안타깝게도 행방불명되었어요.

맨틀 대류설

베게너의 대륙 이동설 이후 영국의 과학자 홈스가 대륙을 이동하는 힘이 지각 바로 아래에 있는 맨틀에 의해서라는 **맨틀 대류설**을 제시해요. 지각보다 상대적으로 온도가 높은 맨틀의 하부에서 뜨거워진 맨틀이 위로 상승하게 되면서 맨틀의 대류가 발생하고, 이러한 맨틀의 움직임 때문에 대륙이 움직이게 된 것이라는 주장이에요.

그림을 통해 살펴볼까요? 맨틀의 아랫부분의 온도가 높아 뜨거워진 하부 맨틀은 밀도가 낮아져서 가벼워져요. 그럼 가벼워진 맨틀은 위로 올라가겠죠? 이처럼 온도 차에 의해 맨틀이 위아래로 이동하는 대류가 일어나는 것이에요.

이때 맨틀이 상승하는 곳에서는 맨틀이 양쪽으로 이동해요. 그리고 맨틀이 이동하는 방향으로 맨틀 위의 대륙도 양쪽으로 이동하면서 분리되는 것이에요. 맨틀 대류설도 맨틀에 대한 이해 부족으로 당시 과학자들에게는 받아들여지지 않았어요.

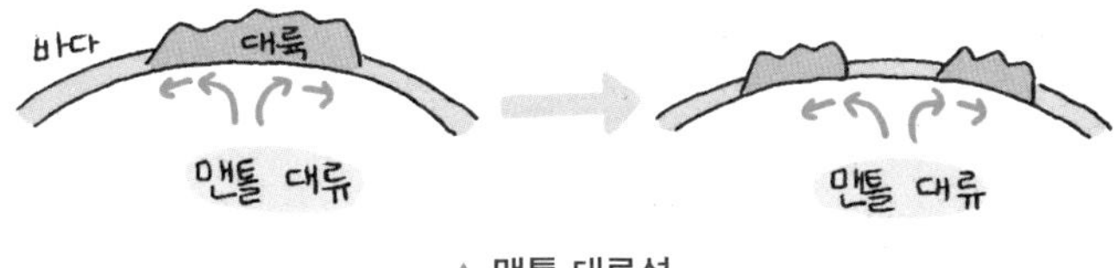

▲ 맨틀 대류설

과학 선생님 @Earth science

Q. 대류가 무엇인가요?

대류는 열이 이동하는 움직임을 말해요. 물을 가열하면 아래쪽의 물이 따뜻해지면서 가벼워지는데, 그러면 따뜻해진 물이 위로 올라가겠죠? 그럼 상대적으로 위쪽의 차가운 물은 무거워서 아래쪽으로 내려와요. 이렇게 따뜻한 물은 위로, 차가운 물은 아래로 내려오는 움직임을 대류라고 해요.

#뜨거워진_물은 #위로 #차가운_물은 #아래로 #위아래 #위위 #아래

해저 확장설

다시 시간이 흘러 해저 탐사 기술이 발달하면서 새로운 사실들이 드러나게 되는데 바로 해저 확장설과 판 구조론이에요.

1950년 이후 바닷속을 탐사하는 기술이 발달하면서 해저 지형의 모습이 밝혀지기 시작했어요. 특히 과학 탐사를 통해서 해저가 점점 넓어지고 있다는 사실을 알게 되었어요. 이 사실을 통해서 미국의 과학자 헤스와 디츠는 **해저 확장설**을 주장해요.

(가)

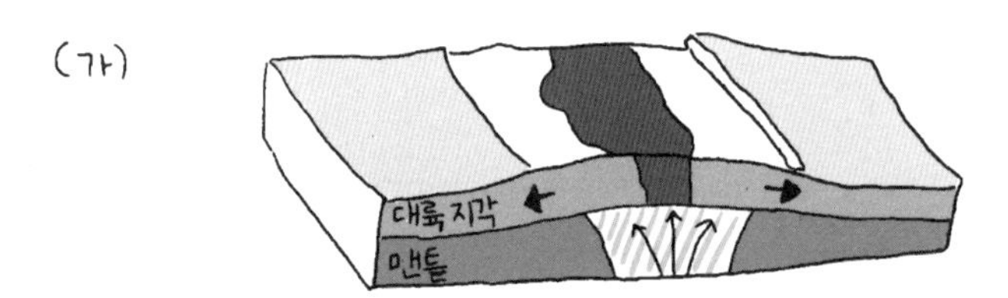

(나)

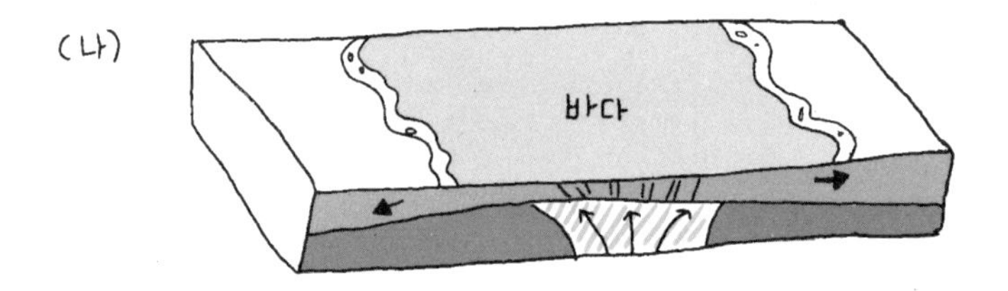

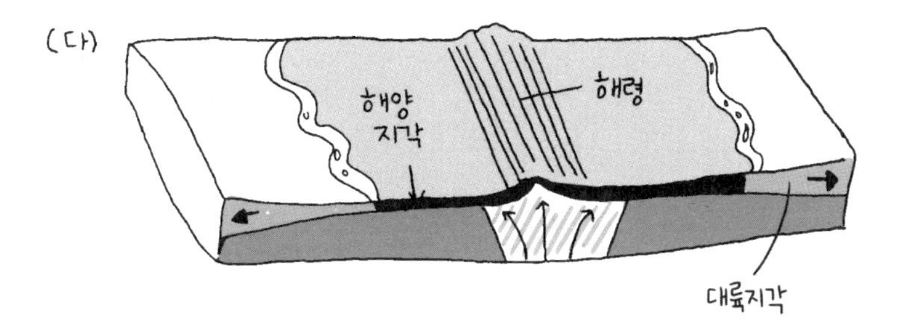

해저가 넓어지는 과정을 보면 먼저 그림 (가)처럼 맨틀 대류가 상승하는 곳에 마그마가 솟아오르게 돼요. 그러면 그림 (나)처럼 대륙 지각이 분리, 이동하여 바다가 생긴 후, 그림 (다)처럼 해령에서 새로운 해양 지각이 생성되지요.

해저 확장설을 통해 대륙은 맨틀의 대류에 의해서 이동한다는 사실이 받아들여지게 되었어요. 즉, 대륙 이동설과 맨틀 대류설이 인정받는 계기가 되었지요.

판 구조론

앞에서 이야기한 모든 학설을 토대로 **판 구조론**이 탄생하였어요. 판 구조론은 1960년대 후반에 제시된 학설이에요. 지구의 겉부분이 여러 개의 판으로 이루어져 있으며, 각각의 판은 맨틀의 대류에 따라 움직이면서 화산 활동이나 지진 등을 일으킨다는 학설이에요.

판은 단단한 암석층으로, 지각만 뜻하는 것이 아니라 맨틀 일부도

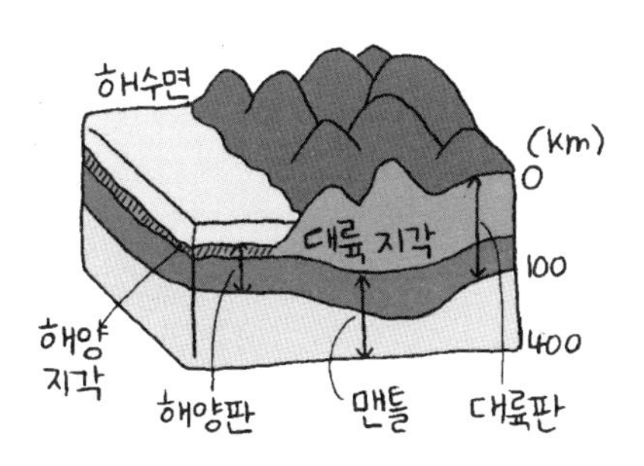

포함해요.

맨틀의 아래쪽은 온도가 높아서 유동성 고체로 따뜻한 캐러멜이 쭉 늘어나듯이 움직이면서 대류가 일어날 수 있어요.

반면, 맨틀의 상부는 하부보다 온도가 낮아서 단단한 암석으로 되어 있어요. 이 부분이 판에 포함되는 것이에요. 즉, 판은 지각과 맨틀의 윗부분을 포함하는 깊이 약 100 km의 단단한 암석층으로 이루어져 있어요.

이러한 판이 아래쪽 맨틀의 대류 방향에 의해서 여러 방향으로 분리되고 이동하면서 아래 그림과 같이 여러 개의 판으로 나뉘는 것이에요. 이 판의 경계에서 다양한 지각 변동이 일어나게 되지요.

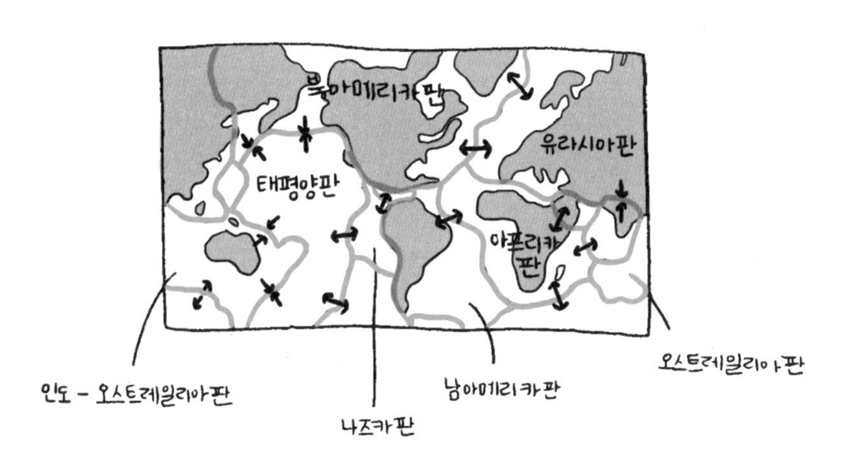

개념체크

다음은 대륙에 대한 학설의 발달 과정을 순서대로 나타낸 것이다. ( ) 안에 들어갈 학설을 순서대로 쓰시오.

대륙 이동설 – (㉠) – 해저 확장설 – (㉡)

답 ㉠ 맨틀 대류설, ㉡ 판 구조론

지진과 화산(판)

흔들흔들~ 지구가 꿈틀거려!

지진으로 땅이 흔들리고 건물이 무너지는 일이나 화산 활동으로 용암과 같은 뜨거운 물질이 분출되고 화산재가 날려 피해를 입은 세계 곳곳의 이야기를 뉴스에서 본 적이 있지요? 이러한 지진과 화산 활동은 어디에서 주로 일어나는 것일까요?

판의 경계

판 구조론에 따르면 지구 표면은 여러 개의 판으로 나뉘어 있고, 이러한 판들은 움직이는 방향과 속도가 모두 달라요. 그렇다면 판과 판이 만나는 경계 부분이 생기겠죠? 이를 **판의 경계**라고 해요. 판의 경계에는 판과 판이 어떻게 만나느냐에 따라 크게 세 종류가 있어요.

판의 경계를 중심으로 두 판이 서로 반대 방향으로 움직이면 두 판의 경계가 벌어지는데, 이러한 판의 경계를 **발산형 경계**라고 해요. 반대로 판의 경계 쪽으로 두 판이 모이면, 판끼리 서로 만나겠죠? 이때는 서로 만나서 충돌하여 부딪히거나 한쪽이 다른 한쪽으로 끌려 들어가기도 하는데, 이러한 경계를 **수렴형 경계**라고 해요. 판의 경계에서 두 판이 서로 스치듯이 반대 방향으로 이동하면 판은 그대로 보존돼요. 이러한 판의 경계를 **보존형 경계**라고 해요.

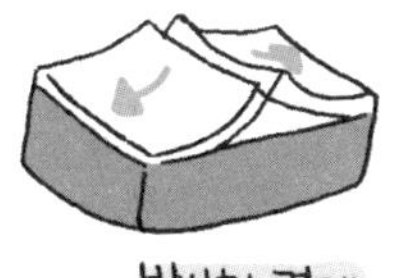

▲ 판의 경계

판의 경계의 종류

수렴형 경계에는 대륙판과 대륙판이 부딪치는 충돌형 경계와 해양판이 대륙판 밑으로 들어가는 섭입형 경계가 있어요.

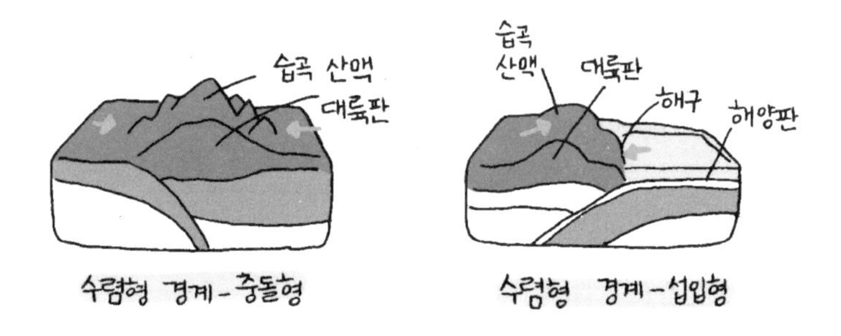

충돌형 경계는 같은 대륙판끼리 부딪치다 보니 서로 접히면서 휘어져 습곡 산맥을 만들어 내요. 이때의 충격으로 땅이 흔들리는 지진이 발생하게 돼요. 반면에 **섭입형 경계**는 상대적으로 무거운 해양판이 가벼운 대륙판 밑으로 들어가게 되면서 바다 쪽으로 깊은 골짜기인 해구가 만들어져요. 해양판이 대륙판으로 끌려 들어가는 과정에서 서로 부딪히고 마찰이 일어나면, 마찰열로 온도가 높아지면서 부분적으로 암석이 녹아 마그마가 생성되는 것이에요. 이 뜨거운 마그마가 올라와서 화산 활동이 일어나고, 마그마가 분출되면서 땅이 흔들리는 지진도 발생하는 것이에요.

두 번째로 발산형 경계에서는 판이 갈라지면서 판과 판이 멀어지는 곳에서는 뜨거운 맨틀 물질과 마그마가 솟아올라오면서 화산 활동이 일어나요. 그리고 동시에 땅이 흔들리는 지진도 발생해요. 이러한 발산형 경계도 크게 두 종류로 대륙판이 양쪽으로 분리되어 서로 멀어지는 경계와 해양판이 양쪽으로 분리되어 서로 멀어지는 경계로 나누어져요. 대륙판이 서로 멀어지는 경계에서는 열곡대가 생겨요. 그리고 해양판이 서로 멀어지는 경계에서는 바다 깊은 산맥인 해령이 생성돼요.

마지막으로 판과 판이 어긋나는 보존형 경계에서는 판들이 서로 스치듯 비켜가면서 판이 생성되지도 않고, 소멸되지도 않고 보존돼요. 이러한 보존형 경계에서는 마그마가 분출되지 않기 때문에 화산 활동은 일어나지 않아요. 그러나 땅이 스치듯 어긋나면서 흔들리므로 지진이 발생해요.

지진과 화산

실제 화산이나 지진의 위력은 엄청나요. 화산 활동이 일어날 때 마그마가 땅을 뚫고 올라오면서 화산 주변을 부서뜨리면서 분출돼요, 또한, 화산탄, 화산재, 화산 가스 등의 여러 가지 분출물이 함께 튀어나오면서 피해를 입혀요. 이와 같이 **화산 활동**은 지하에서 생성된 마그마가 지각의 약한 틈을 뚫고 지표로 분출하는 현상이에요. 화산이 폭발할 때 그 충격으로 땅이 흔들리는 지진이 발생해요. 즉, **지진**은 지구 내부에서 일어나는 급격한 변동으로 땅이 갈라지거나 흔들리는 현상을 뜻해요. 지진이 발생하면 지진의 세기에 따라 건물이 무너지기도 하고 땅이 갈라지기도 해요.

보통 화산 활동이 활발한 곳에서는 지진도 자주 발생해요. 대표적으로 인도네시아는 화산이 많은 곳으로 잘 알려져 있을 뿐만 아니라 엄청나게 큰 지진도 자주 발생해요.

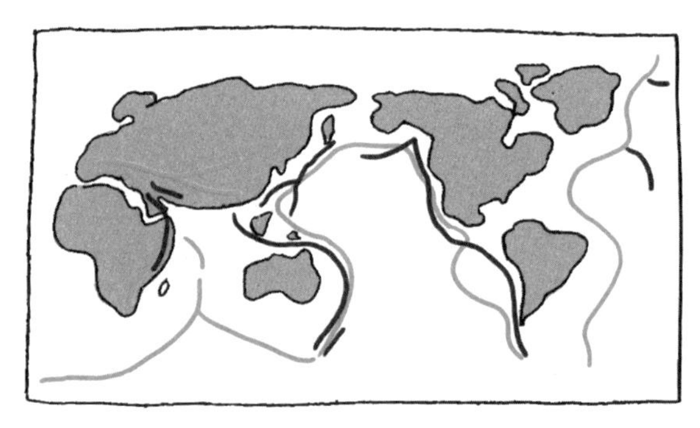

그림을 보면 화산이 자주 발생하는 지역과 지진이 자주 발생하는 지역이 특정한 지역에 따라 띠 모양으로 분포하는 것을 볼 수 있지요? 이처럼 지진이 자주 발생하는 지역을 **지진대**, 화산 활동이 자주 일어나는 지역을 **화산대**라고 해요. 지진대와 화산대는 거의 일치해요. 그리고 화산대와 지진대를 판의 경계와 비교해 보면 일치한다는 것을 알 수 있어요.

개념체크

1 발산형, 보존형 경계 중 화산 활동과 지진이 모두 활발한 경계는?

2 지하에서 생성된 마그마가 지각의 약한 틈을 뚫고 지표로 분출하는 현상은?

답 1. 발산형 경계 2. 화산 활동

08 지구와 달의 크기

우리 눈엔 지구와 달이 같은 크기로 보여!

우리가 살고 있는 지구의 모습은 어떤가요? 인공위성이나 우주선에서 찍은 지구의 사진을 통해서 우리는 지구가 둥글다는 사실을 알고 있어요. 하지만 우리 눈으로 지구를 볼 때는 단지 평평한 땅이 펼쳐진 것으로 보일 뿐이에요. 그래서 옛날 고대 사람들은 대부분 지구가 평평하다고 생각했어요. 하지만 이때에도 지구는 둥글다고 믿고, 직접 지구의 크기를 측정한 사람이 있어요.

지구의 크기

지금으로부터 약 2200년 전, 고대 그리스의 천문학자 에라토스테네스는 지구가 둥글다고 믿고 지구의 크기를 측정할 수 있는 방법을 고민했어요.

우선, 지구의 크기를 구하기 위해서 에라토스테네스는 두 가지 가정을 세웠어요. 하나는 지구가 완전한 구형이라는 것과 태양 빛은 지구 어디에서나 평행하다는 것이에요. 그리고 하짓날 정오에 이집트의 시에네와 알렉산드리아 지역에 각각 막대를 세웠더니 알렉산드리아 지역에서만 그림자가 생겼어요. 이때 알렉산드리아 지역에서 그림자의 끝과 막대의 끝을 연결한 선과 막대 사이의 각도를 측정하였더니 7.2 °였어요. 이 값은 지구 중심에서 볼 때 두 지역 사이의 각도와 같아요. 바로 수학에서 "엇각은 서로 같다."는 원리를 이용한 것이에요. 그리고 두 지역의

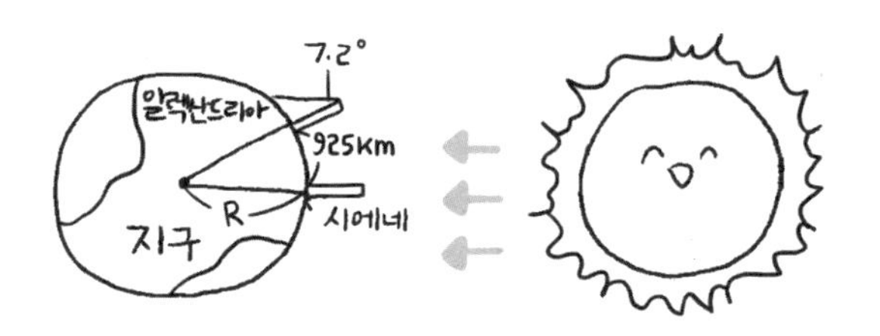

거리를 측정하였더니 약 925 km였어요. 결국, 중심각이 7.2 °일 때, 원호의 길이는 925 km라는 결과를 얻은 것이에요. 여기서 "중심각의 크기는 원호의 길이에 비례한다."는 수학적 원리를 적용하면,

$$7.2° : 925 \text{ km} = 360° : \text{지구의 둘레}$$

원의 중심각 360°에 대해서 원둘레가 비례한다고 식을 세울 수 있어요. 따라서 비례식을 이용해 지구의 둘레를 구하면 약 46250 km가 되지요. 이 측정값은 오늘날 측정한 실제 지구의 둘레인 40000 km에 비해 오차가 있지만, 당시의 측정 기술을 고려한다면 꽤 정확한 값이라고 할 수 있어요.

그런데 에라토스테네스가 측정한 지구의 크기와 실제 지구 크기 사이에 왜 오차가 생겼을까요?

첫 번째 원인은 지구가 완전한 구형이 아니라 적도 쪽이 약간 부푼 타원체라는 점이 에라토스테네스의 가설과 들어맞지 않았어요. 두 번째는 알렉산드리아와 시에네가 같은 경도상에 있지 않았기 때문에 정확한 측정값으로 보기 어려웠어요.

과학 선생님 @Earth science

Q. 에라토스테네스는 어떤 사람이에요?

에라토스테네스는 알렉산드리아 도서관의 관장으로 있으면서 다양한 책을 접했어요. 그러던 중 시에네 지역에는 하짓날 정오에 햇빛이 비쳐도 우물에 그림자가 생기지 않는다는 내용을 보게 되었어요. 그가 살던 알렉산드리아에는 하짓날 정오에 막대를 세워두면 그림자가 생기는 것과는 다른 것이지요. 여기에 의문을 품게 되었답니다.

#책많이읽어 #그림자 #궁금해

달의 크기

지구에서 가장 가까운 천체인 달의 크기는 어떨까요? 밤하늘의 달을

보면 백 원짜리 동전만하게 보이죠? 실제 달의 크기도 그렇게 작을까요? 달은 실제 멀리 떨어져 있으므로 크기를 직접 측정하기는 어려워요. 그러나 간접적인 방법으로는 달의 크기를 측정할 수 있어요. 예를 들면, 그림과 같이 동전을 이용하는 것이에요. 보름달이 뜬 날, 동전을 앞뒤로 움직이면서 보름달이 정확히 가려지는 거리(l)를 측정해 보세요.

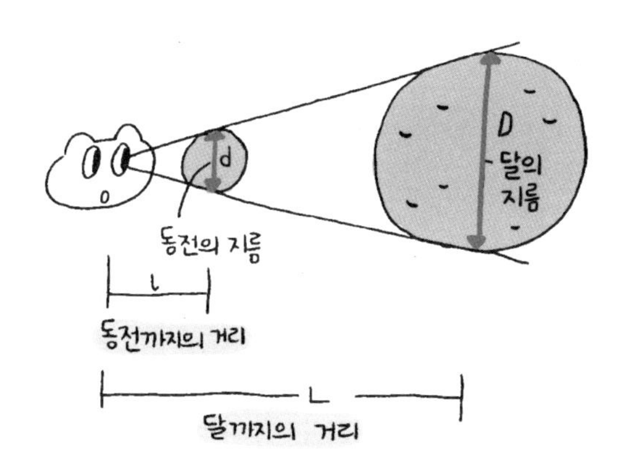

이때 지구에서부터 달까지의 거리는 약 380000 km로 삼각형의 닮음비를 이용하여 구할 수 있어요. 즉, 다음과 같은 비례식을 세우는 것이지요.

동전의 지름(d): 달의 지름(D) = 동전까지의 거리(l) : 달까지의 거리(L)

이렇게 구해진 달의 지름은 약 3400 km로 지구의 $\frac{1}{4}$ 정도 크기예요.

개념체크

1 지구의 크기를 최초로 측정한 사람은?

2 달의 지름은 지구 지름의 몇 배인가?

답 1. 에라토스테네스 2. $\frac{1}{4}$배

쌤의

탐구 STAGRAM

지구 모형의 크기 측정하기

Science Teacher

① 지구 모형에서 같은 경도상의 두 지점을 선택하여 막대 AA′, 막대 BB′를 표면에 수직으로 세운다.

② 이때 막대 AA′는 그림자가 생기지 않게, 막대 BB′는 그림자가 생기게 지구 모형을 움직이고, ∠BB′C를 측정한다.

③ 두 막대 사이의 거리(호 AB)의 거리(l)를 측정한다.

좋아요♥ #지구의 크기 #지구모형 #중심각 #원호 #태양빛

지구 모형의 크기를 측정하기 위해 직접 측정해야 하는 값은 무엇인가요?

호 AB의 길이, ∠BB′C입니다. ∠BB′C는 호 AB의 중심각과 엇각으로 같기 때문에 ∠BB′C를 구하면 "중심각은 호의 길이에 비례한다."는 수학적 원리에 적용하여 지구 모형의 크기를 구할 수 있어요.

지구 모형의 크기를 구하기 위해서 비례식을 어떻게 세워야 하나요?

"중심각(θ) : 호 AB의 길이(l) = 360° : 지구 모형의 둘레"의 비례식을 세우면 돼요. 중심각은 원호의 길이에 비례하므로 원둘레는 360°에 비례한다고 식을 세우면 됩니다.

새로운 댓글을 작성해 주세요. 등록

이것만은!

- 두 막대는 같은 경도 상에 세워야 지구 모형 크기의 오차를 줄일 수 있다.
- 막대와 그림자 끝이 이루는 각(∠BB′C)은 호 AB의 중심각의 크기와 같다.
- 중심각의 크기는 원호의 길이에 비례한다는 수학적 원리가 사용된다.

지구의 운동

팽이처럼 매일 돌고 도는 지구!

나무에 생긴 그림자의 방향이 시간이 지나면서 달라지는 것을 본 적 있나요? 이것은 햇빛이 비치는 방향이 변했기 때문이에요. 햇빛이 비치는 방향이 변한 이유는 무엇일까요? 그것은 햇빛은 계속해서 지구에 평행하게 들어오지만, 지구가 움직여 나무를 비추는 햇빛의 방향이 변하게 되면서 그림자의 방향이 달라진 것이에요. 지구가 움직인다니, 무슨 일일까요?

지구의 자전

지구 위에 살고 있는 우리는 지구가 움직인다고 상상하기 어려워요. 하지만 실제로 지구는 자전축을 중심으로 하루에 한 바퀴씩 서쪽에서 동쪽으로 도는데, 이를 **지구의 자전**이라고 해요. 그렇다면 지구의 자전을 어떻게 확인할 수 있을까요? 직접 지구 바깥으로 가서 지구의 자전을 보기는 어려우므로 지구 안에서 그 증거를 찾아야 해요.

우선, 매일 낮과 밤이 생기는 것은 지구가 자전하기 때문이에요. 실제로 태양은 고정되어 있고 지구가 자전하면서 태양이 비치는 지역은 낮이 되고, 빛이 들지 않는 태양의 반대편 지역은 밤이 되는 것이에요. 만약 지구가 자전하지 않는다면 낮인 지역은 항상 낮이고, 밤인 지역은 항상 밤이겠지요?

지구가 자전한다는 두 번째 증거로는 태양이 동쪽에서 떠서 서쪽으로 지는 것이에요. 태양은 고정되어 있고, 지구가 서쪽에서 동쪽으로 자전하고 있기 때문에, 지구의 관측자는 자신의 움직임을 느끼지 못해요. 오히려 태양이 움직이는 것으로 보이게 되는 것이죠.

과학 선생님 @Earth science

Q. 지구가 돈다고? 저는 움직이지 않았는데요?

그렇죠. 여러분은 움직이지 않지만 여러분 발 밑의 지구가 움직이고 있어요. 이것은 마치 우리가 기차를 타면 창밖의 건물이 기차의 움직임과는 반대 방향으로 이동하는 것처럼 느껴지는 것과 같은 현상이에요.

#지구가_돈다 #반대방향 #지구가_움직여

세 번째 증거로는 별의 일주 운동이 있어요. 밤하늘의 별을 관측하면 태양과 마찬가지로 별도 동쪽에서 떠서 서쪽으로 지는 것을 볼 수 있어요. 특히 밤에 북쪽 하늘을 보면 북극성을 중심으로 별들이 원을 그리면서 움직이는 것을 볼 수 있는데, 이와 같이 별이 하루에 한 바퀴씩 원을 그리며 도는 운동을 **별의 일주 운동**이라고 해요.

지구 자전의 증거에는 밤낮이 생기는 것, 태양이 동쪽에서 떠서 서쪽으로 진다는 것, 그리고 별의 일주 운동이 있어!

별의 일주 운동은 실제로 일어나는 운동이 아니에요. 지구의 관찰자에게만 보이는 겉보기 운동이에요. 별은 가만히 있고, 지구가 하루에 한 바퀴씩 자전하므로 관측되는 현상이에요. 이때 지구의 관찰자가 북쪽 하늘에 떠 있는 북극성 근처의 별을 보게 되면, 지구가 자전축을 중심으로 서에서 동으로 움직이기 때문에 지구의 관찰자에게는 별이 조금씩 움직이는 것처럼 보이게 돼요. 따라서 지구의 자

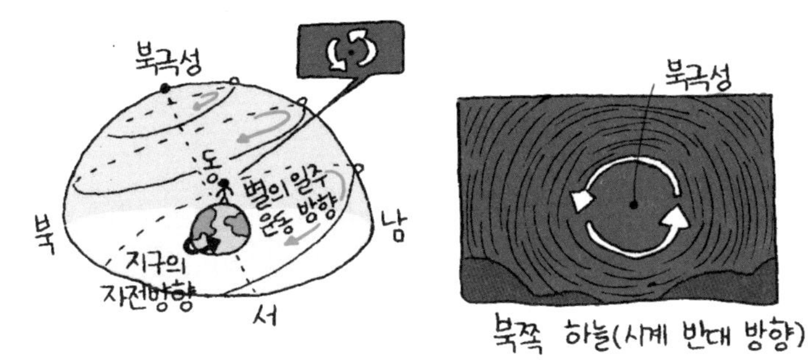

전이 완성되는 하루가 지나면 별이 마치 북극성을 중심으로 한 바퀴 동심원을 그리면서 움직인 것 같은 겉보기 운동인 별의 일주 운동이 관찰되는 것이에요.

별의 일주 운동은 실제로 일어나지는 않지만, 지구가 자전하고 있음을 알려주는 중요한 현상이에요.

우리나라에서 관측한 별의 일주 운동 모습은 관측 방향에 따라 다르게 보여요. 북쪽 하늘에서는 별들이 북극성을 중심으로 동심원을 그리면서 움직이고, 남쪽 하늘에서는 지표면과 나란하게 움직이고, 동쪽 하늘에서는 별이 비스듬히 뜨고, 서쪽 하늘에서는 별이 비스듬하게 지는 모습으로 관측돼요.

지구의 공전

지구는 하루에 한 번씩 자전을 하면서 동시에 태양을 중심으로 일 년에 한 바퀴씩 서쪽에서 동쪽으로 움직이는 **공전**이라는 운동을 해요. 지구가 아주 바빠 보이죠? 지구가 공전을 한다는 것을 어떻게 확인할 수 있을까요?

우선, 지구에서 태양을 볼 때, 태양 뒤편에 있는 별자리 사이를 태양이 이동하고 있는 것처럼 보여요. 물론 태양이 실제로 이동하는 것이 아니고 지구가 태양 주위를 공전하면서 위치가 바뀌면서 마치 태양이 움직이는 것처럼 보이는 겉보기 운동이에요. 이러한 태양의 겉보기 운동을 **태양의 연주 운동**이라고 해요. 이를 통해서 지구가 공전한다는 것을 알 수 있어요.

이때 태양이 지나는 길에 보이는 별자리를 황도 12궁이라고 해요. 노란 태양을 뜻하는 '누를 황(黃)'이라는 한자어와 길을 뜻하는 '도(道)'를 써서 황도라고 하지요.

아래 그림에서 볼 때 지구에서 태양과는 반대 방향에 떠 있는 별자리가 밤에 관측되는 별자리예요. 지구가 공전하지 않고 가만히 있다면 계속해서 같은 별자리가 밤하늘에 관측되겠지만, 실제로 별자리는 계절에 따라 다르게 관측되지요? 그것은 바로 지구가 공전하고 있기 때문에, 즉 위치가 변하고 있기 때문인 것이에요.

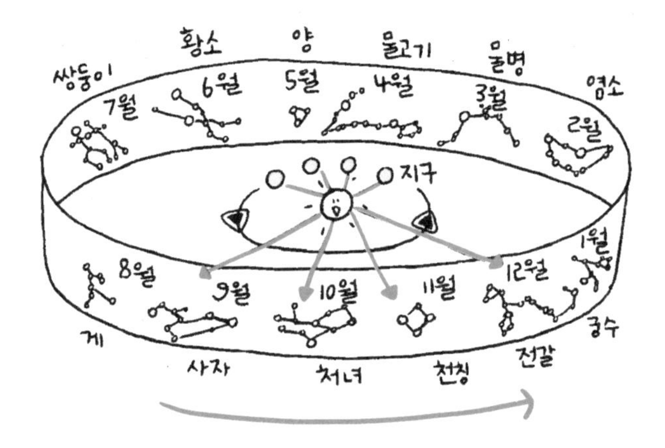

개념체크

1 별의 일주 운동은 무엇 때문에 나타나는가?

2 태양의 연주 운동은 지구의 어떤 운동과 관련이 있는가?

답 1. 지구의 자전 2. 지구의 공전

10 달의 운동

둥근 달, 반달~ 달의 변신은 무죄!

밤하늘의 달을 보면 반달, 보름달, 그믐달 등 모양이 다양하게 변하죠? 이것은 태양과 지구, 달이 서로 어떤 위치에 있느냐에 따라 달에서 빛이 반사되는 부분이 달라지기 때문이에요. 그렇다면 달도 지구처럼 운동을 하고 있다는 뜻일까요?

달의 공전

달은 지구보다 반지름이 4분의 1 정도 되는 동그랗고 작은 천체이지만, 지구에서는 달의 표면에서 밝게 보이는 부분만 관측돼요. 따라서 달에서 빛이 반사되는 부분에 따라서 우리 눈에 보이는 달의 모양이 달라져요. 이것을 **달의 위상**이라고 해요. 그렇다면 달의 위상은 왜 변할까요? 그것은 바로 달이 지구를 중심으로 돌면서 지구와 달, 태양의 위치가 바뀜에 따라 태양빛이 반사되는 부분이 달라지기 때문이에요. 이처럼 달이 서쪽에서 동쪽으로 한 달을 주기로 지구 주위를 돌고 있는 것을 **달의 공전**이라고 해요.

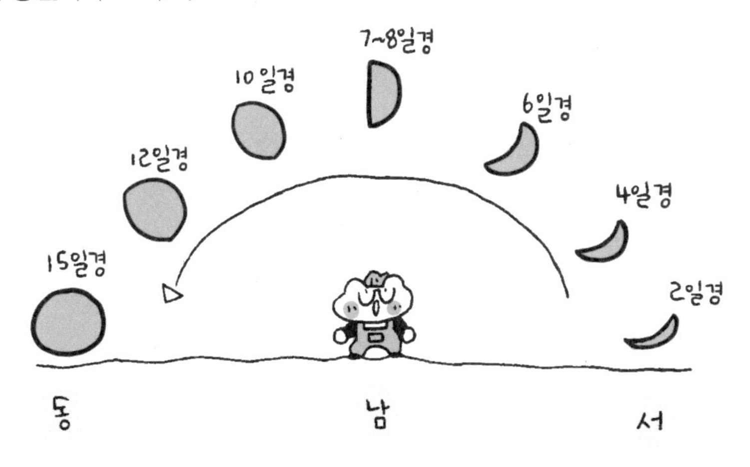

달의 위상 변화

달의 위상 변화를 그림으로 살펴볼까요? 아래의 그림에서와 같이 달은 항상 태양으로부터 표면의 절반만 햇빛을 받아요. 그래서 지구에서 달을 보면 밝은 부분의 모양이 다르게 보이는 것이에요.

예를 들어, 그림에서 지구에 있는 관찰자의 위치가 A일 때는 달, 지구, 태양의 위치가 직각이에요. 그래서 A 지점에서는 달의 오른쪽 부분만 밝게 보이는 반달로 보여요. 이를 **상현달**이라고 해요.

또, 관찰자의 위치가 B일 때는 태양, 지구, 달이 일직선으로 나란히 있지요? 이때에는 달의 밝은 표면 전체를 보게 되므로, 둥근 **보름달**(또는 망)을 보게 되는 것이에요. 반면, 관찰자의 위치가 D일 때는 태양, 달, 지구 순서로 일직선이 되어 있어요. 이때는 반대로 달의 밝은 부분은 전혀 보이지 않는 위치이므로 달이 보이지 않아요. 이를 삭이라고 불러요. 그리고 관찰자의 위치가 C일 때는 달의 왼쪽 부분만 밝게 보이는 반달을 볼 수 있는데, 이를 **하현달**이라고 해요.

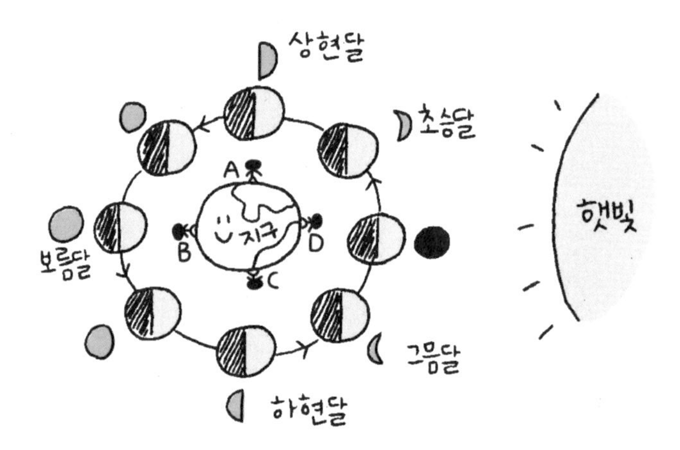

일식과 월식

"오늘밤에는 월식이 관측될 예정입니다." 혹은 "오늘 낮에는 일식이 관측될 예정입니다."라는 뉴스 들어본 적 있나요?

일식은 지구에서 보았을 때 달이 태양을 가리는 현상이에요. **월식**은 지구에서 보았을 때 달이 지구의 그림자 속으로 들어가서 달이 가려지는 현상을 뜻해요. 이러한 일식과 월식 역시 달의 공전과 관련이 있어요.

지구 주위를 공전하는 달이 태양과 지구 사이에 위치하면 태양이 가려져요. 즉, 태양, 달, 지구 순으로 일직선상에 놓일 때 일식이 일어나요. 이때 달은 삭의 위치에 있어 우리 눈에는 보이지 않아요.

태양이 완전히 가려지는 현상을 **개기 일식**, 태양의 일부가 가려지는 현상을 **부분 일식**이라고 해요. 지구에서 태양을 관측할 때, 달의 본그림자 지역에서는 개기 일식이 관측되고, 달의 반그림자 지역에서는 부분 일식이 관측되는 것이에요.

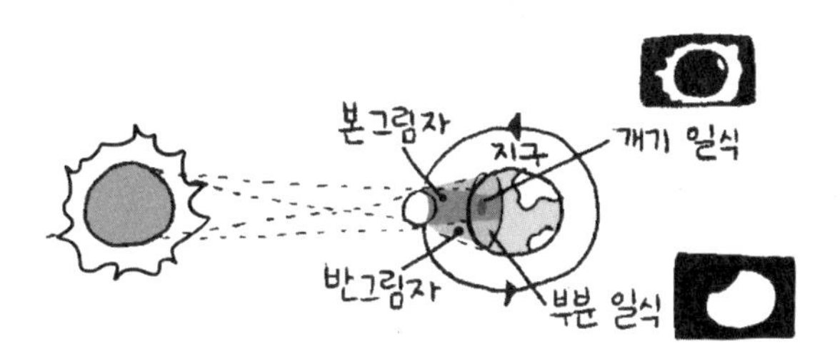

과학 선생님 @Earth science

Q. 본그림자, 반그림자는 뭔가요?

본그림자는 태양과 같은 광원에서 오는 모든 빛이 차단되어 생기는 어두운 그림자를 말해요. 반그림자는 광원에서 오는 빛의 일부가 차단되어 생기는 약간 어두운 그림자예요. 반그림자 지역이 훨씬 넓기 때문에 부분 일식을 관측할 수 있는 지역이 개기 일식을 관측할 수 있는 지역보다 더 넓답니다.

#본그림자는 #모든_빛_차단 #반그림자는 #일부_차단

그렇다면 월식은 어떻게 일어나는 것일까요?

달이 지구 주위를 공전하다가 태양, 지구, 달 순으로 일직선상에 놓일 때 지구의 그림자에 달의 일부나 전체가 가려지면서 월식이 일어나요. 이때 달은 망의 위치에 있어서 우리 눈에는 보름달로 보여요. 월식도 일식처럼 달이 완전히 가려지는 현상을 **개기 월식**, 달의 일부가 가려지는 현상을 **부분 월식**이라고 해요.

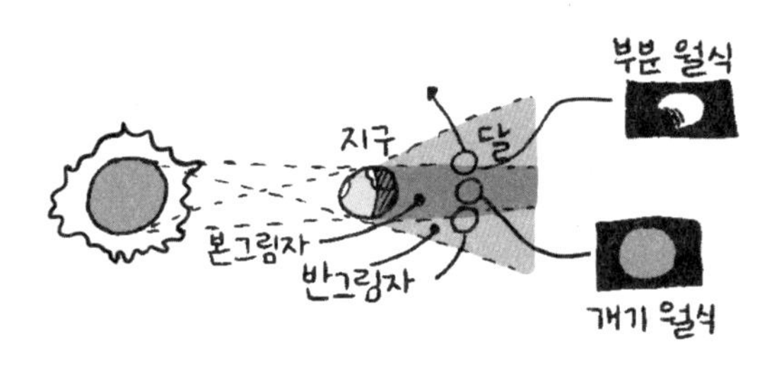

그러나 달이 지구의 그림자 안에 있다고 모두 월식은 아니에요. 달이 지구의 반그림자에 들어갈 때, 달의 밝기는 약간 어두워지지만 월식은 일어나지 않아요. 하지만 달이 더 이동하여 지구의 본그림자 속에 달의 일부가 들어가면 부분 월식이 관측되고, 다시 달 전체가 들어가면 개기 월식이 관측되는 것이에요. 개기 월식은 달이 전혀 보이지 않는 것이 아니라 달이 붉게 보이는 현상이에요.

개념체크

1 달의 오른쪽 반원이 보일 때의 위치를 무엇이라고 하는가?

2 월식이 일어날 때 달의 위치는 무엇인가?

답 1. 상현 2. 망

행성

태양계 가족을 소개할게!

행성은 영어로 'Planet'이에요. 이것은 그리스어로 '방랑자'라는 의미를 가지고 있어요. 과거에 밤하늘을 관찰하던 사람들이 별과 별 사이를 다니는 천체를 발견했을 때, 이 천체들이 방랑자와 같다고 하여 'Planet', 즉 행성이라고 이름 붙여 준 것이지요. 태양계에는 지구 이외에 또 어떤 행성들이 있을까요?

태양계의 행성

태양계의 중심에는 태양이 있어요. 그리고 태양 주위를 공전하는 천체를 **행성**이라고 해요. 태양계를 구성하는 행성에는 태양에서부터 수성, 금성, 지구, 화성, 목성, 토성, 천왕성, 해왕성이 있어요.

태양과 지구 사이의 거리를 1 AU라고 할 때, 태양에서 가장 가까운 수성까지의 거리는 0.38 AU이고, 태양에서 가장 먼 해왕성까지의 거리는 30 AU랍니다. 1 AU를 우리에게 익숙한 km 단위로 바꾸면 약 1억 5천만 km가 돼요. 상상하기 어려운 거리지요?

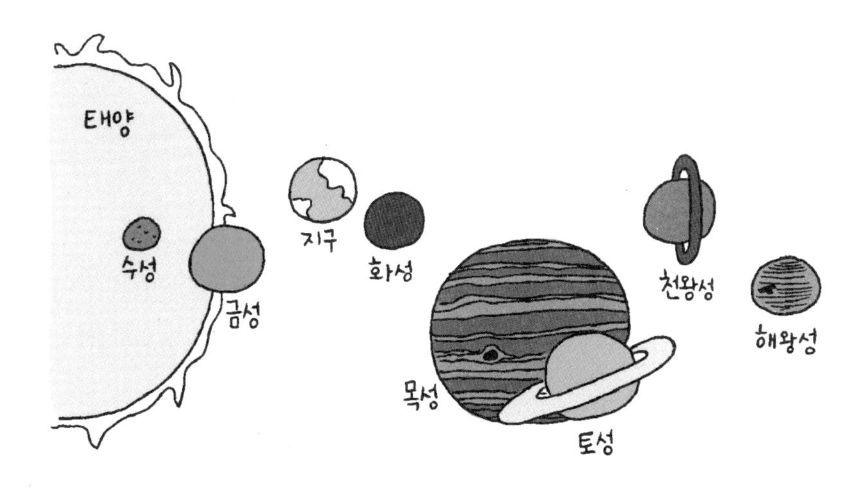

행성의 특성

수성은 태양계의 행성 중에서 태양과 가장 가까이 있으면서, 크기가 가장 작아요. 수성에는 대기와 물이 존재하지 않아요. 그래서 낮에는 받은 태양 빛만큼 가열되어 온도가 매우 높고, 밤에는 기온이 바로 떨어져 낮과 밤의 표면 온도 차가 매우 커요. 또, 표면에는 운석 충돌로 생긴 구덩이가 많이 보여요.

▲ 수성의 표면

태양에서 두 번째로 가까운 **금성**은 크기와 질량이 지구와 가장 비슷해요. 대기가 있지만 온실 기체인 이산화 탄소로만 두껍게 이루어져 있어서 온실 효과가 크게 나타나 표면 온도가 태양계의 행성 중에서 가장 높아요. 금성의 표면은 암석들로 덮여 있으며, 높고 낮은 지대와 화산이 있어요.

지구는 질소와 산소로 이루어진 대기로 이루어져 있고, 현재까지 태양계에서 유일하게 생명체가 존재하는 행성이에요.

화성은 지름이 지구의 2분의 1 정도로, 양 극지방에는 물과 이산화 탄소가 얼어서 만들어진 흰색의 극관이 있어요. 화성의 자전축은 지구와 비슷하게 약 24° 기울어져 있어서 계절 변화가 일어나요. 그래서 계절이 바뀔 때마다 화성에 있는 양 극관의 크기가 추운 겨울에는 커지고, 더운 여름에는 작아져요.

극관

▲ 화성

화성의 대기는 금성과 같이 이산화 탄소로 이루어져 있으나 그 양이 매우 희박하여 온실 효과는 거의 나타나지 않아요. 화성을 눈으로 직접 보면 표면이 산화 철(철이 녹슬어서 붉게 바뀐 물질)로 이루어진 토양으로 덮여 있어서 붉게 보여요.

과학 선생님 @Earth science

Q. 화성에도 생명체가 살까요?

화성의 표면을 찍어본 결과 과거에 물이 흘렀던 흔적이 발견되었어요. 또 최근 화성으로 간 탐사선의 조사에 의해 화성의 지하에 얼음이 존재함을 밝혀냈어요. 이를 토대로 화성에 생명체가 살고 있을 가능성을 보고 생명체 탐사를 진행하고 있지요.

#넓은_우주에 #우리만 #살고_있기엔 #너무나 #외로워

목성은 질량이 매우 크고, 지름은 약 143000 km로 지구의 약 11배가 돼요. 목성은 태양계에서 가장 크며, 줄무늬가 뚜렷하고 거대한 붉은색의 점(대적반)이 있어요. 대적반은 거대한 대기의 소용돌이로, 붉은 점으로 보이지만 지구 지름의 약 2배나 돼요.

목성은 주로 수소와 헬륨 기체로 이루어져 있으며, 매우 빠르게 자전하기 때문에 표면에 희거나 적갈색을 띤 줄무늬가 나타나요. 또, 얇은 고리가 있고, 약 60여 개의 많은 위성이 있어요.

토성은 얼음과 암석으로 이루어진 뚜렷하고 아름다운 고리를 가지고 있어요. 맨눈으로 볼 수 있는 행성 중에서 가장 멀리 있는 행성이에요. 주로 수소와 헬륨으로 이루어져 있고, 물보다 밀도가 작아요. 토성 표면에는 목성처럼 적도와 나란하게 줄무늬가 나타나요.

천왕성은 1781년 천문학자 허셜이 처음 발견한 행성이에요. 지구로부터 워낙 멀리 떨어져 있어서 맨눈이 아닌 망원경으로 발견한 최초의 행성이죠. 천왕성의 상층 대기에 있는 메테인이라는 기체 때문에 천왕성은 청록색으로 보여요. 천왕성의 자전축은 공전 궤도면과 거의 나란하게 기울어져 있어요. 천왕성도 고리가 있지만 목성의 고리처럼 아주 얇고 가늘기 때문에 지구에서는 거의 볼 수가 없어요.

해왕성은 태양에서 가장 멀리 떨어진 행성으로, 천왕성의 대기와 거의 비슷하여 파란색으로 보여요. 해왕성의 표면에는 거대한 대흑점이 있으며 여러 개의 희미한 고리를 가지고 있어요.

행성의 분류

태양계의 8개 행성에서 지구의 공전 궤도보다 안쪽에서 태양 주위를 공전하는 수성과 금성은 **내행성**이라고 해요. 반대로 화성, 목성, 토성, 천왕성, 해왕성은 지구의 공전 궤도보다 바깥쪽에서 태양 주위를 공전하고 있어서 **외행성**이라고 해요.

또한, 수성, 금성, 지구, 화성은 지구와 같이 질량과 반지름이 작고 밀도가 큰 행성으로 **지구형 행성**이라고 해요. 지구형 행성은 암석으로 이루어져 있어서 표면이 단단해요. 수성과 금성에는 위성이 없고, 지구는 위성 1개, 화성은 위성이 2개로 지구형 행성들은 위성이 없거나 적어요. 반면에 목성, 토성, 천왕성, 해왕성은 목성과 같이 질량과 반지름이 크고, 밀도가 작은 행성으로 **목성형 행성**이라고 해요. 목성형 행성은 기체로 이루어져 있어서 표면이 단단하지 않고, 여러 개의 고리를 가지고 있어요. 그리고 위성이 많답니다.

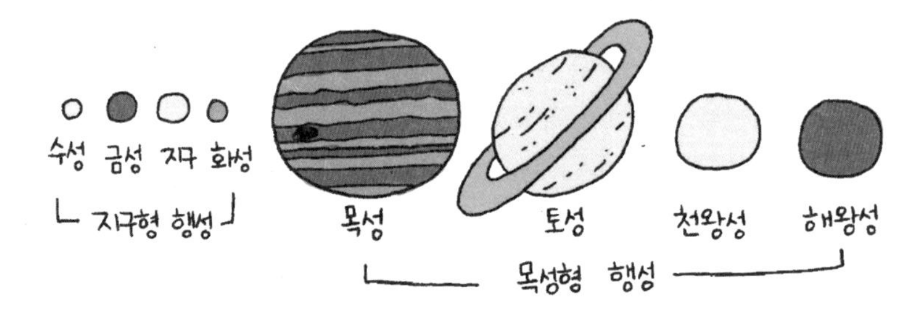

개념체크

1 표면에 대적반이 있고, 태양계에서 가장 큰 행성은?

2 목성형 행성에 속하는 행성은?

답 1. 목성 2. 목성, 토성, 천왕성, 해왕성

12 태양

그대는 우리의 하나뿐인 스타!

한여름에는 태양 빛이 너무 뜨거워 시원한 그늘을 찾게 돼요. 이것은 태양이 엄청난 양의 에너지를 내보내기 때문이에요. 태양이 많은 양의 에너지를 계속해서 보낼 수 있는 것은 스스로 빛을 내는 천체이기 때문이에요. 태양에는 또 어떤 특징이 있을까요?

태양의 특징

태양은 태양계에서 스스로 빛을 내는 유일한 천체예요. 태양의 표면 온도는 약 6000 ℃로 많은 양의 에너지를 우주 공간으로 방출하고 있어요. 태양계를 이루는 모든 행성들은 이 태양의 영향을 받고 있어요. 이렇게 온도가 높은 태양은 기체인 수소와 헬륨으로 이루어져 있어요.

태양을 보면 밝고 둥글죠? 이처럼 우리 눈에 보이는 밝고 둥근 태양의 표면을 **광구**라고 해요.

광구는 수많은 쌀알을 뿌려 놓은 듯한 무늬가 보이는데, 이를 쌀알 무늬라고 해요. 쌀알 무늬가 나타나는 이유는 광구 밑에서 일어나는 대류 현상 때문이에요.

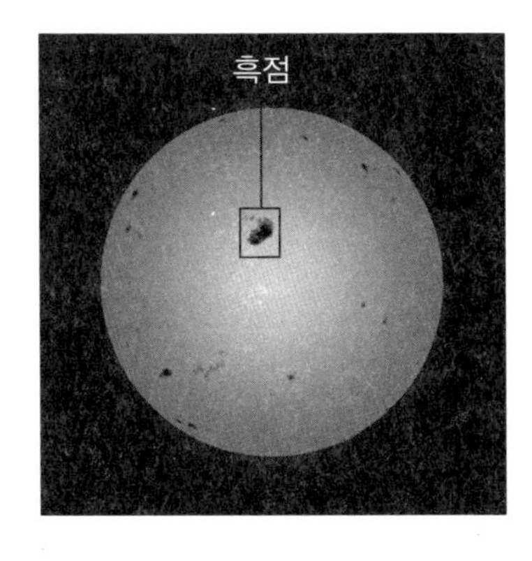

광구 밑에서 고온의 물질이 상승하는 곳은 밝게 보이고, 냉각된 물질이 하강하는 곳은 어둡게 보이면서 쌀알 무늬가 나타나는 것이에요. 우리 눈에는 작은 쌀알처럼 보이지만, 실제 쌀알 무늬의 지름은 약 1000 km나 되며, 평균 수명은 5분 정도예요.

또한, 광구에는 크기와 모양이 불규칙한 검은 점이 관측되는데, 이를 **흑점**이라고 해요. 흑점은 약 4000 ℃로 주변보다 온도가 낮아서 검게 보이는 것이에요. 수명은 수일에서 수개월이며, 흑점 수가 많을수록 태양 활동이 활발하다는 뜻이에요. 흑점은 지름이 약 1500 km의 작은 것부터 십만여 km에 이르는 것까지 다양해요.

지구에서 흑점을 일정한 시간 간격으로 관측하면 흑점의 위치가 변하는 것을 알 수 있어요. 흑점은 태양의 광구에 고정되어 있는데, 태양이 자전하면서 움직이기 때문에 흑점이 관측되는 위치가 변한 것이에요. 즉, 흑점의 위치 변화를 통해서 태양도 자전한다는 것을 알 수 있어요.

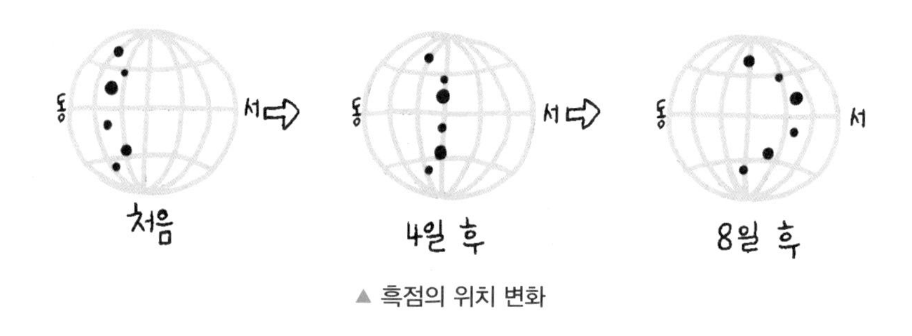

▲ 흑점의 위치 변화

태양의 대기

태양의 대기는 매우 희박하여, 광구보다 밝기가 약하기 때문에 평소에는 볼 수 없어요. 달이 태양의 표면을 완전히 가리는 개기 일식이 되어야 태양의 대기를 볼 수 있어요. 태양의 대기는 채층과 코로나로 구분해요.

채층은 광구 바로 위에 있는 대기층으로 얇고 붉은색을 띠며, 두께는 약 10000 km예요. 채층은 광구보다 뿜어내는 빛의 양이 적기 때문에 광구가 가려지는 개기 일식 때나 특별한 장비를 이용해야만 관측할 수 있어요. 채층 위로 넓게 뻗어 있는 진주색의 가장 바깥쪽 대기층을 **코로나**라고 해요. 코로나는 온도가 수백만 도로 매우 뜨거워요. 태양에 흑점 수

가 많은 시기는 태양 활동이 활발한 시기로, 코로나의 크기가 더 크고 밝아져요. 반대로 흑점 수가 적은 시기에는 코로나의 크기가 비교적 작고 어두워져요.

또, 태양의 대기에서는 강력한 폭발이 일어나는 플레어가 발생해요. 플레어는 태양의 흑점 부근에서 채층 일부분이 갑자기 강한 섬광을 내는 현상이에요.

플레어가 일어나면 태양이 가지고 있던 많은 양의 에너지가 우주 공간으로 방출돼요. 태양의 대기에서는 고온의 가스가 솟아오르는 홍염이 나타나기도 해요. 홍염은 광구로부터 채층을 통과하여 수천 km 높이까지 솟아오르는 고온의 가스 기둥이에요.

과학 선생님 @Earth science

Q. 태양이 내뿜는 에너지는 우리 지구에 어떤 영향을 주나요?

태양은 우리에게 없어서는 안 되는 존재지요. 식물이 광합성을 하는 데도 태양의 빛에너지가 꼭 필요해요. 우리가 먹고 마시는 모든 것에 태양의 양분이 들어 있는 것이에요. 그러나 좋은 영향만 주는 것은 아니에요. 태양이 내뿜는 에너지에 포함된 자외선은 우리의 피부 노화를 촉진시키기도 해요. 특히, 태양의 대기에서 만들어지는 플레어에서 방출된 에너지는 지구의 자기장에 영향을 주어 지구의 전파 통신을 방해하기도 하지요.

#태양이 #뿜는 #에너지는 #너무_과하면 #문제

태양 활동이 지구에 미치는 영향

태양은 항상 변함없어 보이지만 실제로는 활발하게 활동할 때도 있고, 조용하게 지낼 때도 있어요. 특히 태양 활동이 활발할 때는 지구에 미치는 영향이 매우 커요.

태양 활동이 활발한 시기에는 흑점 수가 많아지고, 홍염이나 플레어가 자주 발생하고, 태양은 평소보다 많은 양의 에너지와 물질을 우주 공간으로 방출해요. 이처럼 태양 표면에서 전기를 띤 입자, 즉 대전 입자가 끊임없이 우주 공간으로 뿜어져 나오는데, 이러한 입자의 흐름을 **태양풍**이라고 해요.

태양 활동이 활발하여 태양풍이 강해지면, 지구를 둘러싼 자기장에 많은 영향을 끼쳐요. 이로 인해 지구에서는 여러 가지 현상이 일어나게 돼요. 지구 자기장이 교란되면 짧은 시간 동안 지구 자기장이 크게 변하는 자기 폭풍이 발생하며, 장거리 무선 통신이 끊어지는 델린저 현상이 일어나기도 해요. 고위도 지역에서는 오로라가 자주 나타나며, 지구 밖에 떠 있는 인공위성이 고장나기도 해요. 오늘날에는 태양 활동을 관측하는 기술을 발전시켜 이러한 피해를 줄이려고 노력하고 있어요.

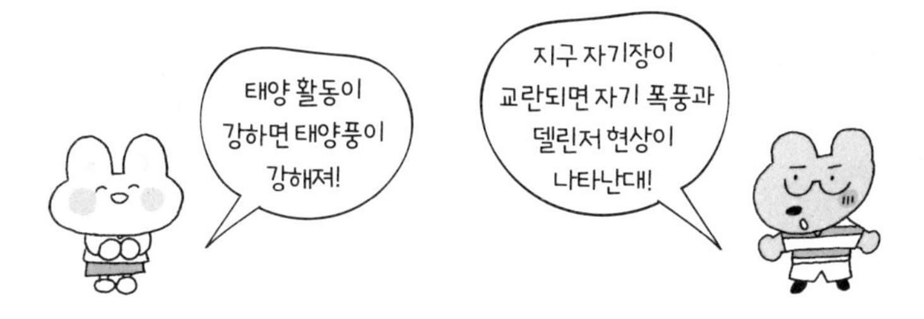

개념체크

1 태양의 표면인 광구에서 볼 수 있는 것은?

2 채층 위로 넓게 뻗어 있는 진주색의 태양 가장 바깥쪽 대기층은?

답 1. 흑점, 쌀알 무늬 2. 코로나

해수의 온도

태양 난로로 바닷물을 데워 볼까?

기온은 지역마다 달라요. 적도 지방은 덥고, 극지방은 춥지요. 그렇다면, 바닷물의 수온은 어떨까요? 바닷속 깊은 곳으로 내려갈수록 수온은 어떻게 달라질까요?

표층 해수의 온도

적도처럼 기온이 높은 저위도 지방의 해수는 수온이 높고, 극지방처럼 기온이 낮은 고위도 지방의 해수는 온도가 낮아요. 즉, 바닷물의 수온도 기온처럼 위도에 따라 온도가 달라지는 것이에요. 그 까닭은 바로 지구의 위도에 따라 태양 에너지가 달라지기 때문이에요.

저위도(적도)는 고위도보다 해수면에 도달하는 태양 에너지가 더 많아서 해수의 온도도 고위도 해수보다 높지요.

깊이에 따른 해수의 온도

해수의 온도는 지구의 위도에 따라서 다르게 나타나지만, 바닷속 깊이에 따라서도 다르게 나타나요.

태양 에너지는 바다의 어느 정도의 깊이까지는 전달될 수 있지만, 수심이 깊어질수록 도달하는 태양 에너지가 감소해요. 따라서 해수면 근처에서는 수온이 높지만, 수심이 깊어질수록 수온이 낮아지게 돼요.

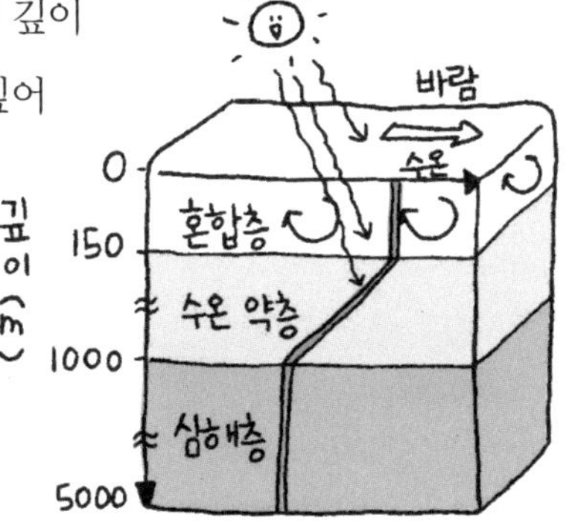

수심에 따른 해수의 수온 분포는 해수면에서부터 혼합층, 수온 약층, 심해층으로 나누어요. 표층의 해수는 태양 에너지에 의해서 가열되므로 온도가 높아요. 그러나 바다의 표층에서는 바람에 의해서 해수가 혼합되어 위아래에 위치하는 물이 서로 섞이게 되면서 수온이 거의 일정하지요. 이곳을 바람에 의해 혼합되는 층이라고 하여 **혼합층**이라고 불러요.

과학 선생님 @Earth science

Q. 바람의 세기에 따라서도 혼합층의 두께가 변하나요?

맞아요. 바람의 세기가 강할수록 더 깊은 곳까지 해수가 혼합되어 수온이 일정한 혼합층은 두꺼워져요. 즉, 바람의 세기가 강할수록 표층이 두꺼워지는 거죠.

#바람이_강할수록 #혼합층이 #두꺼워져 #위아래로 #잘_섞이니까

혼합층 아래에는 깊이가 깊어질수록 수온이 급격하게 도약하듯 낮아지는 **수온 약층**이 형성되어 있어요. 깊은 바닷속일수록 바람의 영향이 없고, 태양 에너지는 점점 적게 도달하므로 수온이 낮아지지요. 이러한 수온 약층은 차가운 해수가 아래쪽에 있고, 따뜻한 해수가 위쪽에 있어 해수가 섞이지 않고, 안정하게 있는 층이에요.

따라서 수온 약층을 사이에 두고, 혼합층과 심해층은 섞이지 않아요. 수온 약층 아래에 있는 **심해층**은 태양 에너지가 도달하지 못하여 수온이 4 ℃ 이하로 매우 낮아요. 심해층은 일 년 내내 수온이 거의 일정한 상태로 매우 차갑게 유지되는 층이에요.

개념체크

1 해수의 층상 구조 중 깊어질수록 수온이 급격히 떨어지며 매우 안정한 층은?

2 바람이 강하게 불수록 혼합층의 두께는 (얇아진다, 두꺼워진다).

답 1. 수온 약층 2. 두꺼워진다

탐구 STAGRAM

바다 깊이에 따른 해수의 수온 변화

Science Teacher

① 소금물을 넣은 수조에 깊이를 달리한 온도계 5개를 설치하고 수온을 측정한다.

② 수면 위에 적외선 전등을 설치하여 20분 동안 수면을 가열한 후의 온도를 측정한다.

③ 다시 3분 동안 작은 선풍기로 바람을 일으킨 후, 각 온도를 측정한다.

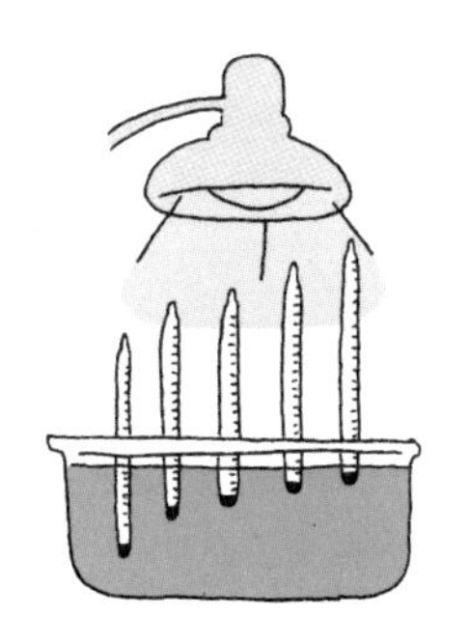

좋아요 ♥

#해수 #바람 #혼합층 #수온약층

실험에서 사용한 전등 빛과 선풍기 바람은 실제 자연현상에서 무엇에 비유할 수 있나요?

전등 빛은 태양 빛, 선풍기 바람은 수면에 부는 바람에 비유할 수 있어요.

전등 빛만 비칠 때와 선풍기 바람을 일으킬 때의 수온 분포는 해수의 층상 구조 중에서 각각 무엇의 생성 과정에 비유할 수 있나요?

전등 빛만 비칠 때는 깊어질수록 수온이 낮아지는 수온 약층에, 선풍기 바람은 바람이 불면 혼합되어 수온이 일정하게 되는 혼합층의 생성 과정에 비유할 수 있어요.

새로운 댓글을 작성해 주세요. 등록

이것만은!

- 전등 빛은 태양 빛, 선풍기 바람은 수면에 부는 바람에 비유할 수 있다.
- 전등 빛만 비추면 깊어질수록 수온이 내려간다. (수온 약층)
- 선풍기 바람은 표면 수온이 일정하게 나타나게 한다. (혼합층)

해수의 염분

아무리 갈증이 나도 바닷물은 마시면 안 돼요.

바다에서 수영을 하다가 목마르다고 바닷물을 벌컥벌컥 마시면 어떨까요? 그 맛이 너무 짜서 혼쭐이 날 거예요. 육지에 있는 강물이나 호수의 물은 짜지 않은데, 바닷물은 왜 이렇게 짠 것일까요?

염류

바닷물을 맛보면 짠맛이 강하게 느껴지지만 자세히 맛을 보면 쓴맛도 나요. 이것은 바닷물에 녹아 있는 여러 물질들이 내는 맛이에요. 이처럼 바닷물에 녹아 있는 여러 가지 물질을 **염류**라고 해요. 바다에 따라서 차이는 있지만 전 세계 바닷물을 조사하면, 바닷물 1000 g에 대해서 평균적으로 약 35 g의 염류가 녹아 있다고 해요.

염류에는 짠맛뿐만 아니라 쓴맛을 내는 여러 물질이 있어요. 염류 중에서 가장 많은 물질은 짠맛을 내는 염화 나트륨이에요.

염화 나트륨은 흔히 소금이라고 부르는 물질이에요. 소금이 바닷물 속에 가장 많이 녹아 있어서 바닷물이 짜다고 느끼는 것이에요.

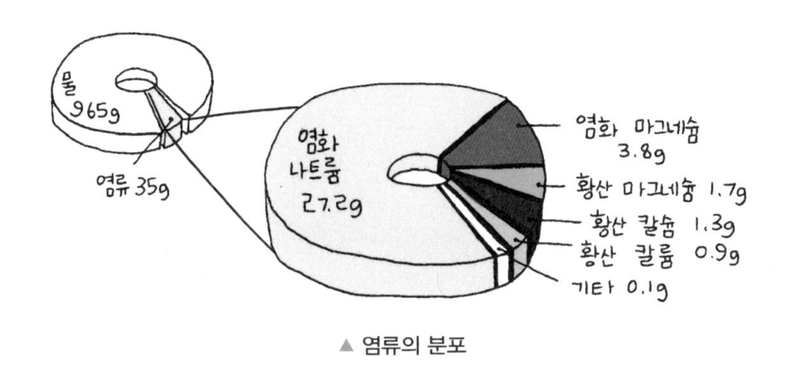

▲ 염류의 분포

두 번째로는 쓴맛이 나는 염화 마그네슘이 많이 녹아 있어요. 그 다음으로는 황산 마그네슘, 황산 칼슘 등이 녹아 있어요. 이러한 염류는 어디에서 온 것일까요? 바로 바다 주위의 여러 곳으로부터 염류를 만들 수 있는 재료를 공급받아요. 대표적으로 지각이에요.

지각의 물질이 강물에 녹아서 바다로 흘러 들어가거나, 해저 화산 활동으로 인해 지각 속 물질이 바다로 흘러나와 서로 결합하여 염류가 되지요.

염분

염류는 전 세계의 바다마다 녹아 있는 양이 달라요. 바닷물에 염류가 얼마나 많이 녹아 있느냐에 따라서 바닷물의 짠 정도가 달라지는데, 이를 염분이라고 해요. **염분**이란 바닷물 1000 g 속에 녹아 있는 염류의 총량을 g수로 나타낸 것을 뜻해요. 염분의 단위는 천분률인 ‰(퍼밀)이나 psu(실용 염분 단위)를 써요.

예를 들어, 바닷물 1000 g 속에 평균적으로 염류 35 g이 녹아 있다면 바닷물의 평균 염분은 약 35 ‰ 또는 35 psu라고 할 수 있어요.

염분은 우리에게 무엇을 알려 줄까요? 염분이 높다는 것은 바닷물 속에 녹아 있는 염류의 양이 많다는 것을 말해요. 즉, 바닷물이 다른 지역에 비해 더 짜다는 것이에요. 반대로 염분이 낮다는 것은 바닷물 속에 녹아 있는 염류의 양이 작다는 것을 뜻해요. 즉, 바닷물이 다른 지역에 비해 덜 짜다는 것을 알 수 있어요.

과학 선생님 @Earth science

Q. 염류? 염분? 헷갈려요.

이름이 비슷해서 헷갈리죠? 염류는 바닷물에 녹아 있는 물질을 뜻하며, 염분은 그 물질이 녹아 있는 비율을 뜻해요.

#염류는 #물질을_말해요 #염분은 #비율이니 #숫자로_나타내겠죠?

염분 변화 요인

실제 바다의 염분을 측정하면 지역에 따라 염분이 달라지는 것을 알 수 있어요. 해양의 가장자리와 중심부의 염분을 비교해 보면 중심부일수록 염분이 높아요. 그리고 적도보다 중위도 해역의 염분이 더 높은 것도 알 수 있지요. 이렇게 바다의 염분이 다른 이유는 무엇일까요?

첫 번째 요인은 증발량과 강수량이에요. 증발량은 태양열로 인해 바닷물에서 물이 증발하는 양이에요. 햇빛이 많이 비쳐서 증발이 활발한 바다는 물이 줄어들면서 그 바닷물은 더 짜져요. 즉, 염분이 높아져요. 반대로 강수량이 많은 바다는 비가 많이 내리므로 바닷물이 싱거워질 거예요. 국에 물을 타면 국이 싱거워지는 것처럼 말이죠. 따라서 강수량이 많은 바다는 염분이 낮아진다고 할 수 있어요.

두 번째 요인은 강물이 대륙 주변부의 바다로 유입되는 현상이에요. 강물의 유입으로 바닷물이 싱거워져 염분이 낮아지게 되는 것이에요.

세 번째 요인은 빙하의 해빙이에요. 빙하가 녹는 바다는 주스의 얼음이 녹아 주스가 싱거워지는 것처럼 염분이 낮아져요. 반대로 기온이 매우 낮은 극지방에서는, 바닷물에서 물이 먼저 얼게 되어 염류가 나머지 바닷물에 더 녹게 되므로 염분이 높아져요. 이러한 원인으로 염분이 달라지는 것이에요.

그렇다면 우리나라의 바다도 지역에 따라 염분이 다를까요?

우리나라만 해도 황해와 동해를 비교하면 황해의 염분이 더 낮은 것을 자료를 통해 알 수 있어요. 이것은 황해는 우리나라와 중국으로부터 흘러들어 오는 강물의 양이 많기 때문에 동해에 비해 염분이 낮아요.

또한, 같은 동해라도 여름철은 겨울철보다 염분이 더 낮아요. 그 이유는 여름철에는 강수량이 겨울철보다 더 많기 때문이지요. 이처럼 염분은 여러 요인에 의해서 그 값이 달라짐을 알 수 있어요. 그럼 염류를 구성하는 각 염류들의 비율은 어떨까요?

염분비 일정 법칙

바닷물에 녹아 있는 전체 염류의 양은 지역마다 달라서 염분은 바다마다 다를 수 있어요. 그러나 전체 염류에 대해서 각 염류가 차지하는 비율은 어느 바다나 일정해요. 이를 **염분비 일정 법칙**이라고 해요.

염분비 일정 법칙은 장소에 따라 염분은 달라지지만, 염류를 구성하는 비율은 항상 일정하다는 것이에요. 예를 들어, 북극해, 동해, 홍해에서 바닷물 1000 g을 각각 떠서 그 속에 들어 있는 염류의 종류와 양을 비교한 그림을 살펴볼까요?

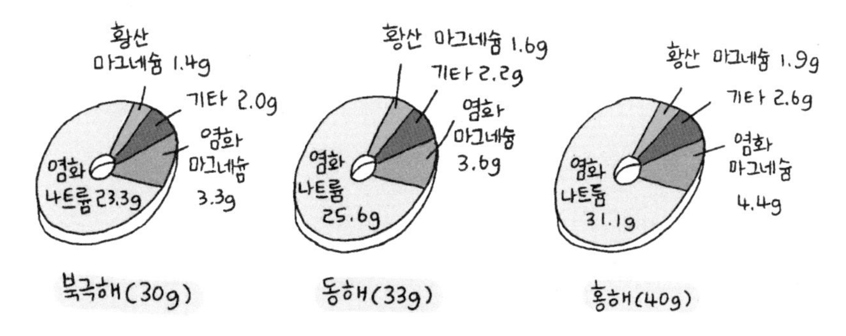

▲ 북극해, 동해, 홍해의 염류 종류와 양 비교

바다마다 녹아 있는 전체 염류의 양은 다르죠? 하지만 전체 염류에 대해 염화 나트륨, 염화 마그네슘과 같은 각각의 염류가 차지하는 비율을 구해보면 아래의 표와 같이 염화 나트륨은 77.7 %, 염화 마그네슘은 10.9 %로 세 바다 모두 일정한 것을 알 수 있어요.

염류	염화 나트륨	염화 마그네슘	황산 마그네슘	황산 칼슘	기타	계
성분비(%)	77.7	10.9	4.8	3.7	2.9	100

염분을 이루는 다양한 염류 중에서 염화 나트륨이 가장 많고, 그 다음이 염화 마그네슘, 그 다음이 황산 마그네슘의 순서로 비율은 변함이 없어요. 즉, 전체 염류에 포함된 성분 중에서 1, 2, 3등을 하는 염류의 순서나 비율은 어느 바닷물이나 같아요. 이것이 바로 염분비 일정 법칙이에요.

개념체크

1 염분이 35 ‰인 바닷물 1000 g 속에 녹아 있는 염류 중 가장 많은 비율을 차지하는 염류와 두 번째로 많은 염류를 순서대로 쓰시오.

2 다음 | 보기 | 중에서 염분이 낮은 지역을 있는 대로 고르시오.

| 보기 |

ㄱ. 빙하가 녹는 바다　　ㄴ. 강물이 흘러드는 바다
ㄷ. 해수가 결빙되는 바다　　ㄹ. 증발량이 강수량보다 많은 바다

답 1. 염화 나트륨, 염화 마그네슘 2. ㄱ, ㄴ

15 해류

떼목만 타고도 여행이 가능해!

우리나라의 바다에 버려진 쓰레기가 흘러나가 일본 해안가에 자꾸만 쌓인다고 해요. 어떻게 이러한 일이 가능할까요? 그것은 바닷물이 가만히 있는 것이 아니라 일정한 방향으로 흐르기 때문이에요. 해류는 어떻게 생겨나는 것일까요?

해류의 생성 원인

물이 담긴 수조에 병마개를 띄우고, 작은 선풍기로 바람을 일으키면, 병마개는 어떻게 될까요? 바람이 부는 방향을 따라 병마개도 움직이게 돼요.

이처럼 물의 표면에서 바람이 불면, 바람과 같은 방향으로 물의 흐름이 생겨요. 실제 바다에서도 이러한 일이 있어나고 있어요. 실제로도 일정하게 같은 방향으로 바람이 불면 바닷물은 바람의 방향에 따라 일정하게 흐르는 흐름이 생겨요.

지구상에는 일 년 내내 같은 방향으로 부는 바람이 있어요. 바로 무역풍, 편서풍이죠. 이러한 바람에 의해 바다에서는 일정한 바닷물의 흐름인 **해류**가 생겨요.

그러나 이 바람은 바다의 깊은 곳까지는 영향을 미치지 않아요. 보통 바다의 표면인 표층 부분에서만 해류를 만들어요. 따라서 바람은 다양한 해류 중에서도 바다의 표층에서 생기는 표층 해류의 원인이 되는 것이에요. 북반구의 저위도 지역에서는 무역풍이 지속적으로 불어요. 그래서 무역풍 방향과 같은 동에서 서로 흐르는 북적도 해류가 생겨나요. 또한, 중위도 지역에서는 편서풍이 일 년 내내 같은 방향으로 흐르면서 편서풍 방향과 같은 북태평양 해류가 흐르게 되는 것이에요.

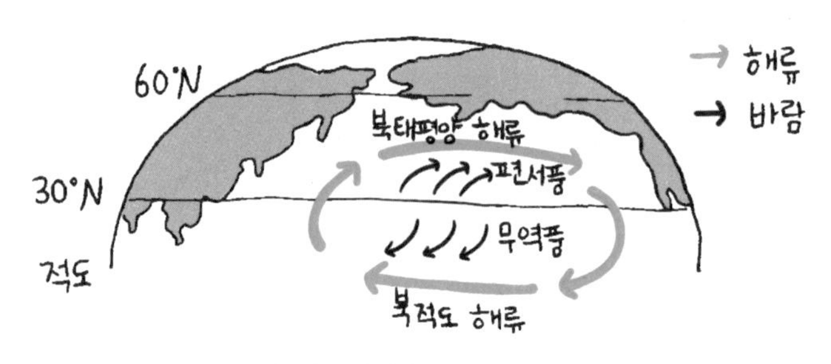

▲ 북반구에서의 해류와 바람

해류의 종류

해류의 종류로는 저위도에서 생겨난 따뜻한 해류와 고위도에서 생겨난 차가운 해류가 있어요. 저위도에서 생겨서 고위도로 흐르는 따뜻한 해류는 **난류**, 고위도에서 생겨서 저위도로 흐르는 차가운 해류를 **한류**라고 해요.

난류와 한류는 수온의 차이뿐만 아니라 염분이나 용존 산소량에도 차이가 있어요. 바닷물 1 kg에 녹아 있는 염류의 양이 많을수록 염분은 높아지죠? 온도가 높으면 염류가 더 많이 녹으므로 난류가 한류보다 염분이 높아요. 반면에 용존 산소량은 한류가 난류보다 더 높아요.

과학 선생님 @Earth science

Q. 용존 산소량이 뭐죠?

용존 산소량은 바닷물에 녹아 있는 산소의 양이에요. 기체는 물이 차가울수록 물에 더 잘 녹을 수 있어요. 그래서 따뜻한 난류보다는 차가운 한류에 산소가 더 많이 녹아 있답니다. 그러니 용존 산소량은 한류가 더 높다고 할 수 있죠.

#차가운_바다일수록 #산소가 #많아요

우리나라 주변의 해류

삼면이 바다로 둘러싸여 있는 우리나라 주변에는 어떤 해류가 흐르고 있을까요? 우리나라에는 황해를 흐르는 황해 난류와 동해를 흐르는 동한 난류가 있어요. 또, 고위도에서 동해 쪽으로 흘러내려 오는 북한 한류가 흐르고 있어요.

황해 난류와 동한 난류는 모두 저위도에서 고위도로 흐르는 난류인 쿠로시오 해류의 일부가 갈라져 나온 해류예요. 그러므로 둘 다 따뜻한 난류겠죠? 반면에 북한 한류는 북쪽에서 남쪽으로 흐르는 차가운 해류인 연해주 한류의 일부가 우리나라 쪽으로 흐르는 것이에요.

우리나라 동해에서는 동해안을 따라 북상하는 동한 난류와 남하하는 북한 한류가 만나요. 이렇게 한류와 난류가 만나는 지역을 조경 수역이라고 하는데, 조경 수역에서는 물고기의 먹이가 되는 영양 염류와 플랑크톤이 풍부하여 좋은 어장이 형성되지요.

여름

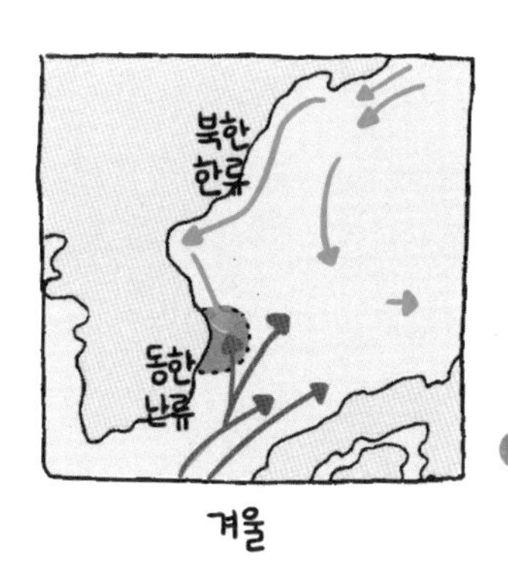

겨울

● 조경 수역

개념체크

1 바닷물의 일정한 흐름을 부르는 말은?

2 우리나라 주변을 흐르는 난류인 황해 난류와 동한 난류의 근원이 되는 해류는?

답 1. 해류 2. 쿠로시오 해류

16 조석 현상

바닷길이 열렸네~

인천 앞바다의 섬에서는 물고기를 맨손으로 잡는 대회가 열린다고 해요. 바닷물이 밀려 들어와서 해수면이 높아지면 2.5 km짜리의 그물을 설치해요. 그리고 다시 바닷물이 빠지면 그물에 걸린 살아 움직이는 물고기를 잡을 수 있죠. 어떻게 이런 대회가 가능한 것일까요?

조석 현상

바닷가에 오래 머물러 있어 본 적이 있나요? 오래 있다 보면 시간에 따라 해수면의 높이가 높아졌다 낮아졌다 하는 현상을 볼 수 있어요. 특히 수심이 얕은 갯벌이나 모래사장이 넓게 형성된 우리나라 서해안이나 남해안에서는 이런 현상이 더 뚜렷해요.

이것은 바닷물이 육지 쪽으로 밀려 들어오는 **밀물**과 바닷물이 바다 쪽으로 빠져 나가는 **썰물**이 주기적으로 나타나기 때문이에요. 밀물이 계속되면 해수면의 높이가 점점 높아지겠죠? 반대로 썰물이 계속되면 해수면의 높이가 점점 낮아져요. 밀물로 인해 해수면이 가장 높아진 때를 **만조**, 썰물로 인해 해수면이 가장 낮아진 때를 **간조**라고 해요.

▲ 안면도 갯벌

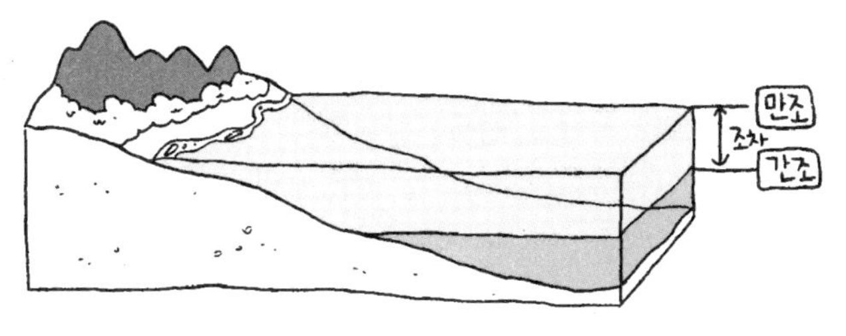

▲ 만조와 간조의 차이

과학 선생님 @Earth science

Q. 동해 앞바다에서 놀 땐, 해수면 높이 차이를 못 느꼈는데요?

조차는 관측 장소에 따라서 다르게 나타나요. 우리나라 주변 바다에서는 서해안의 조차가 가장 크고, 동해가 가장 작아요. 따라서 서해안에 있는 인천 앞바다의 섬에서 물고기를 맨손으로 잡는 대회가 열리는 것이에요. 서해의 조차가 커서 간조 때 바닷물이 급속도로 빠져나가 물고기가 헤엄칠 물이 없는 갯벌이 많이 드러나는 것이에요.

#서해안 #인천 #앞바다에서 #조차가 #아주커요 #물고기_잡으러 #출발?

이러한 현상은 하루에도 몇 번씩 반복돼요. 이렇게 밀물과 썰물로 인해 해수면의 높이가 주기적으로 변하는 현상을 **조석**이라고 해요. 서해안에서 간조 때에는 갯벌이 넓게 펼쳐져 있다가 만조가 되면 갯벌이 물에 잠기는 것을 볼 수 있어요. 서해안은 만조일 때와 간조일 때의 해수면의 높이 차이가 아주 커요. 이러한 만조와 간조 때의 해수면의 높이 차이를 **조차**라고 해요.

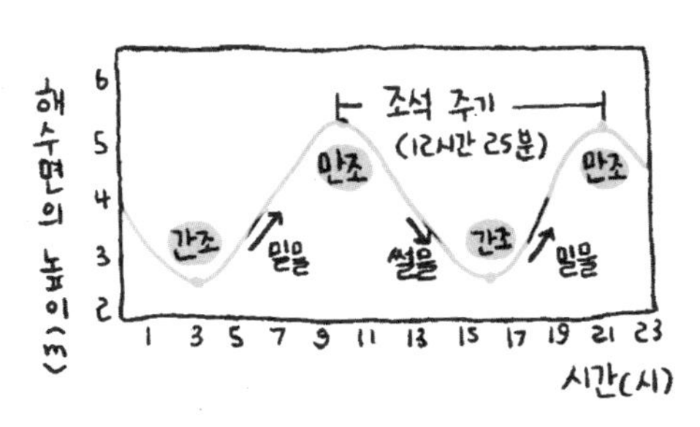

▲ 하루 동안의 해수면의 변화

보통 간조와 만조는 하루에 두 번씩 나타나요. 만조에서 다음 만조, 간조에서 다음 간조 때까지 걸리는 시간을 조석 주기라고 부르는데, 대략 12시간 25분이 걸려요. 이것은 시간에 따라 해수면의 높이를 측정하여 만조와 다음 만조까지 또는 간조에서 다음 간조까지를 측정해서 알 수 있어요.

조석 현상의 원인

조석 현상은 왜 일어나는 것일까요? 바로 지구에서 가장 가까운 천체인 달과 관련이 있어요. 저 작은 달이 어떻게 지구의 바다를 조종할까요? 지구와 달 사이에는 끌어당기는 힘인 인력이 있지요. 달의 인력은 지구의 물체를 달 쪽으로 끌고 가요.

이때 단단한 지각은 움직일 수 없지만, 바닷물과 같은 액체는 달 쪽으로 끌려가는 것이에요. 달의 인력은 달에 가까운 곳일수록 인력이 크고, 멀수록 작아져요.

하지만 조석 현상이 달의 인력만으로 작용하는 것은 아니에요. 정확하게는 기조력이라는 힘 때문이에요.

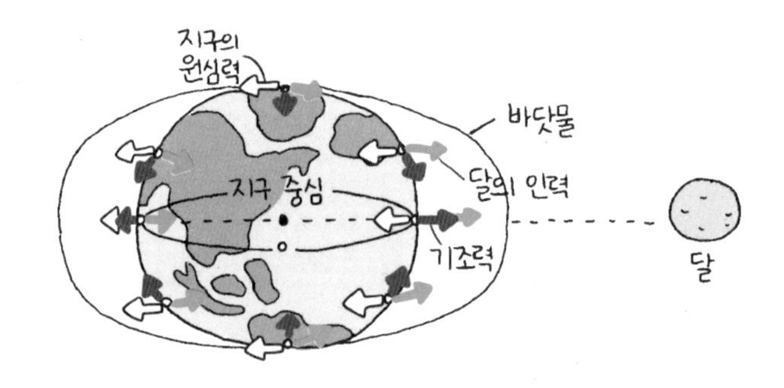

기조력은 달의 인력과 지구가 스스로 만들어 내는 원심력이 함께 작용하면서 만들어지는 힘이에요. 지구는 달과 지구의 공통 질량 중심을 가

운데 두고 원운동을 하고 있어요. 그래서 지구의 모든 지점은 달에서 멀어지는 방향으로 같은 크기의 원심력을 받아요.

기조력으로 인해 달을 향하는 방향과 달의 반대 방향으로 작용하는 힘만 남게 되면서 바닷물이 양쪽으로 부풀게 되는 것이에요.

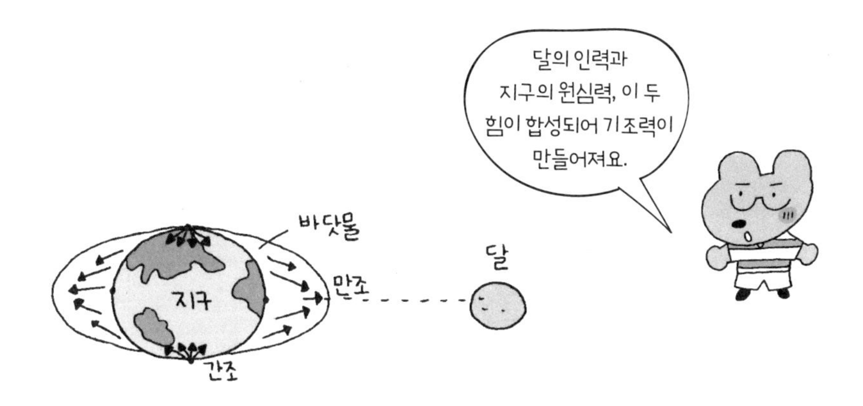

만조와 간조가 일어나는 시간은 매일 달라지는데, 이것을 알면 실생활에 도움이 돼요.

예를 들어, 고기잡이배가 바다로 나갈 때는 물이 들어와 있는 만조일 때가 좋고, 갯벌에서 조개나 굴을 캐려면 물이 빠져 나가는 간조일 때가 좋지요.

한편, 밀물과 썰물은 조력 발전에 활용되는데, 밀물일 때 수문을 열어 해수를 가두어 두었다가 썰물로 바닷물의 높이가 낮아질 때 수차 발전기로 물이 빠져 나가게 하여 전기 에너지를 얻는 것이에요.

개념체크

1 밀물로 인해 해수면의 높이가 가장 높아질 때를 무엇이라고 하는가?

2 조석 현상이 일어나는 원인은?

답 1. 만조 2. 달에 의해 생기는 기조력

17 기권의 층상 구조

기권을 구성하는 사총사의 매력!

지구에는 공기가 있고, 이러한 공기가 지구를 둘러싸고 있어요. 공기는 지구 전체에서 보면 아주 많은 양이므로, '큰 공기덩어리'라는 뜻인 '대기'라고 불러요. 지구를 구성하는 요소 중에 대기가 차지하는 공간은 얼마나 될까요?

대기의 구성

우리를 둘러싸고 있는 대기는 여러 가지 기체가 혼합되어 있어요. 먼저, 우리가 숨 쉴 때 필요한 산소가 있겠지요? 그런데 산소보다 더 많은 부피를 차지하는 기체가 있어요. 바로 질소예요. 질소는 대기 속에 약 78 %를 차지하고 산소는 그 다음으로 21 % 정도를 차지해요. 나머지 1 % 정도의 소량으로 아르곤, 이산화 탄소 등의 기체들이 섞여 있어요. 이러한 대기는 지구 표면에서부터 위로 대략 1000 km까지 분포하고 있어요.

▲ 지구 대기 구성 성분

과학 선생님 @Earth science

Q. 기체는 막 날아다니는데, 대기는 어떻게 지구 밖으로 안 날아가는 거죠?

그 이유는 지구의 중력 때문이에요. 중력은 지구 중심에서 멀어질수록 작아지므로, 지구 대기의 대부분은 지표 근처에 분포하고 있어요. 위로 올라갈수록 지구 중력의 영향을 덜 받으므로 위로 올라갈수록 대기는 희박해져요.

#지구의_대기를 #붙잡는 #그것은 #중력 #공기도_벗어날_수_없어

기권의 층상 구조

지구 표면에서부터 위로 올라가면서 기온을 측정하면 어떻게 변할까요? 높이 올라갈수록 뜨거운 태양과 가까워지므로 기온이 계속 올라갈 것 같죠? 그런데 예상과 달리 높이에 따라 기온은 주기적으로 올라갔다가 내려가요.

지구 표면에서부터 약 11 km까지는 높이 올라갈수록 기온이 낮아져요. 그러다 약 11 km에서 50 km 구간까지는 기온이 다시 높아져요. 또 80 km 구간까지는 높이 올라갈수록 기온이 낮아지다가 대기권 끝까지는 다시 기온이 높아져요. 이러한 기온 변화를 기준으로 기권은 지구 표면에서부터 위로 가면서 대류권, 성층권, 중간권, 열권으로 구분해요. 즉, 기권은 높이에 따른 기온 변화를 기준으로 **층상 구조**를 이룬다고 할 수 있어요.

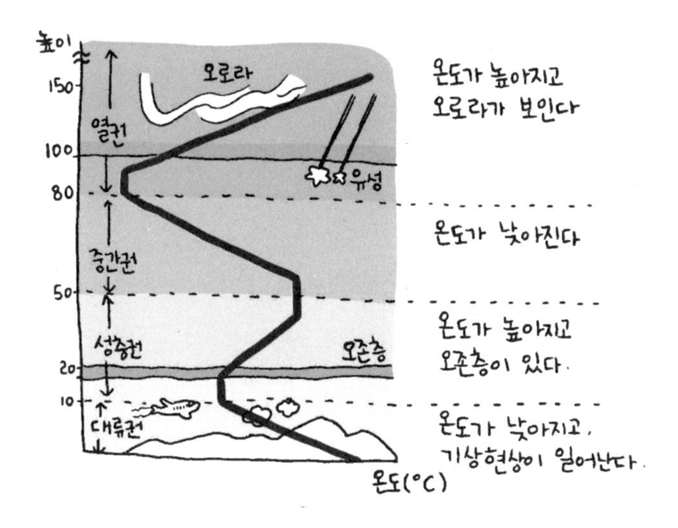

높이에 따른 기온 변화에는 왜 이러한 특징이 나타날까요? 지구의 대기는 지구 복사 에너지와 태양 복사 에너지의 영향을 받아요. 대류권, 성층권, 중간권은 모두 지구 쪽에 더 가깝기 때문에 지구 복사 에너지의 영향을 더 많이 받아요. 따라서 높이 올라갈수록 지구 복사 에너지의 영향을 적게 받으므로 높이 올라갈수록 기온이 내려가는 것이에요.

성층권에서는 오존층 때문에 기온이 다시 높아져요. 이 오존층은 지구의 복사 에너지와는 별개로 태양 복사 에너지 중에서 가장 강한 에너지를 가지는 자외선을 흡수하여 온도가 다시 올라가는 분포를 나타내요.

그리고 기권의 층상 구조 중에서 열권은 태양에서 가장 가까워요. 그래서 태양 복사 에너지의 영향을 더 많이 받아 높이 올라갈수록 다시 기온이 올라가는 것이지요.

각 층의 특징

지구 표면에서 가장 가까운 **대류권**은 지표면으로부터 높이 약 11 km까지의 구간이에요. 위로 올라갈수록 기온이 낮아져요. 그래서 대류권 안에서는 차가운 공기가 따뜻한 공기보다 위에 있어요. 차가운 공기는 무겁기 때문에 아래로 내려오고, 따뜻한 공기는 상대적으로 가볍기 때문에 위로 올라가요. 즉, 공기가 상하로 움직이는 대류가 나타나죠. 특히 공기는 지구 표면 근처에 많이 모여 있어, 대류 현상은 더욱 활발하게 일어나요. 이처럼 대류 현상이 활발해서 대류권이라고 불리겠죠?

지구 표면에 있는 강과 바다에서 물이 증발하여 수증기가 생기고, 이 수증기가 대류 현상과 함께 상공으로 올라가면서 구름이 생성되는 곳도 바로 대류권이에요. 구름이 생겼으니 시간이 지나면 비나 눈 등도 내리겠지요? 따라서 대류권은 기상 현상이 나타나요.

성층권은 높이 약 11 km~50 km까지의 구간으로, 위로 올라갈수록 기온이 높아져요. 기온이 높아지는 것은 성층권에 오존층이 있기 때문이에요. 성층권의 약 20~30 km 사이에 존재하는 오존층은 태양으로부터 오는 자외선을 흡수해요. 자외선을 흡수하여 기온이 높아지기 때문에 대류권과는 다른 온도 분포를 보여요. 그래서 성층권 안에서는 가볍고 따뜻한 공기가 무겁고 차가운 공기의 위쪽에 위치하여 공기의 상하 움직임이 일어나지 않아 대류 현상이 없는 안정한 층이 돼요. 따라서 성층권은 지상에서 이륙한 비행기의 항로로 이용되는 층이에요.

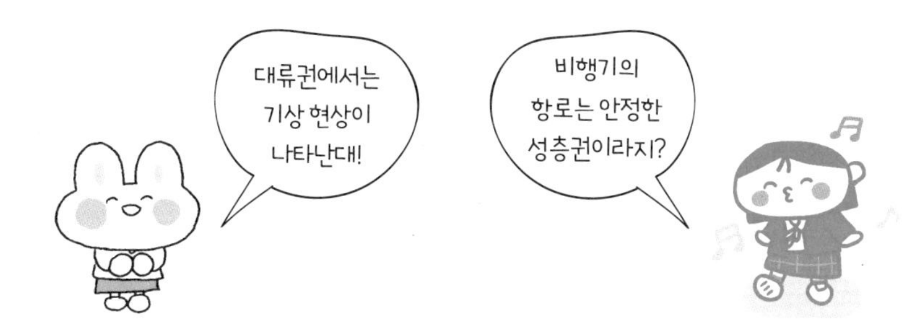

그 다음으로 높이 약 50 km~80 km까지의 **중간권**에서는 위로 올라갈수록 다시 기온이 낮아져요. 중간권의 끝인 80 km에서는 기권 중에서 가장 낮은 기온이 나타나요. 위로 올라갈수록 기온이 낮아지는 분포여서 대류권처럼 대류가 일어나요. 하지만 수증기가 없기 때문에 구름을 만들 수 없어 기상 현상은 일어나지 않아요.

우주로부터 하루에도 수백만 개 이상의 크고 작은 천체 조각이 지구로 떨어지고 있어요. 그런데 우리는 왜 그것을 볼 수 없을까요? 그것은 지구 대기의 중간권에서 공기와의 마찰로 유성의 대부분이 지구 표면에 떨어지기 전에 모두 타 없어지기 때문이에요. 만약 중간권이 없다면 그 무수한 유성들이 지구로 그대로 떨어져 많은 생명체가 피해를 입겠지요.

이제 마지막으로 **열권**은 위로 올라갈수록 기온이 높아지는 약 80 km~1000 km까지의 구간이에요. 열권 안에서는 위로 올라갈수록 뜨거운 태양 에너지를 점점 더 많이 받으므로 기온이 높아져요. 열권은 기권의 층상 구조 중에서 지구 중심으로부터 가장 멀기 때문에 중력이 약해지면서 공기도 매우 희박해요. 또한, 고위도 지방의 열권에서는 오로라가 관측될 수 있어요. **오로라**는 지구 밖에서 오는 전기를 띠는 입자가 기권의 가장 바깥쪽에 있는 열권의 공기 분자와 충돌하면서 빛을 내는 현상이에요.

과학 선생님 @Earth science

Q. 태양빛을 내내 받고 있다면, 열권은 항상 온도가 높은 층이겠네요?

그건 아니에요. 공기를 투명한 옷에 비유해 볼까요? 공기가 매우 희박하면 투명한 옷이 매우 얇겠죠? 그럼 낮에는 태양빛을 거의 다 받아 온도가 많이 올라가게 되고, 밤에는 보온 효과가 약해 온도가 뚝 떨어져요. 그래서 열권에서는 낮과 밤의 기온차가 매우 커요.

#대기가_없으면 #너무_덥고 #너무_추워요

개념체크

[1-3] 그림은 기권의 층상 구조를 나타낸 것이다.

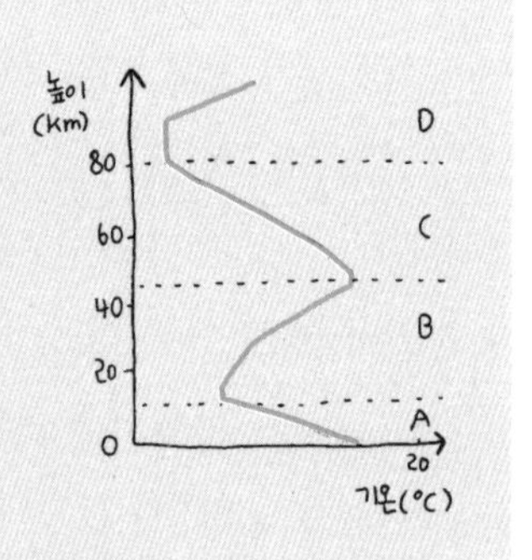

1 A~D 중 오존층이 존재하고, 대류가 없는 안정한 층의 기호와 이름을 쓰시오.

2 A~D 중 고위도 지방에서 오로라를 볼 수 있는 층의 기호와 이름을 쓰시오.

3 A~D 중 기상 현상이 나타나는 층의 기호와 이름을 쓰시오.

답 1. B-성층권 2. D-열권 3. A-대류권

18 복사 평형과 지구 온난화

지구는 자연이 만든 온실!

태양빛이 비추는 곳에 얼굴을 대면 얼굴이 금세 따뜻해지는 것을 느낄 수 있죠? 빛이 비치면서 태양의 에너지가 얼굴에 전달되었기 때문이에요. 이처럼 빛의 형태로 전달되는 에너지를 복사 에너지라고 불러요. 그리고 태양으로부터 오는 빛에너지를 태양 복사 에너지라고 하죠. 태양 복사 에너지는 지구에 어떤 영향을 줄까요?

복사 에너지

복사란 아무런 물질의 도움 없이 에너지가 직접 전달되는 방법이에요. 난로 가까이에 손을 대면, 난로로부터 에너지가 직접 손에 닿아 따뜻함을 느끼는 것이 복사의 한 예에요. 이처럼 복사에 의해서 전달되는 에너지를 **복사 에너지**라고 하며, 태양으로부터의 복사 에너지를 **태양 복사 에너지**라고 해요. 사실 모든 물체는 자신의 온도에 따라 복사 에너지를 방출하고 있어요. 물체의 온도에 따라서 복사되는 빛의 형태가 다를 뿐이에요. 태양처럼 표면 온도가 약 6000 ℃나 되는 고온의 물체는 자외선, 가시광선, 적외선의 형태로 빛에너지가 복사돼요. 지구처럼 표면 온도가 15 ℃ 정도인 물체는 적외선의 형태로 빛에너지가 복사돼요.

복사 평형

복사 에너지는 "물체가 흡수하는 복사 에너지의 양과 방출하는 복사 에너지의 양이 같아지면 온도가 일정하게 유지된다."라는 특징이 있어요. 즉, 물체가 복사 에너지를 받으면 물체는 그 복사 에너지로 인해서 온도가 올라가요. 온도가 상승하면 물체 자체가 내놓은 복사 에너지의 양도 점점 많아져요. 그러다가 물체가 흡수하는 복사 에너지의 양과 물체가 스스로 방출하는 복사 에너지의 양이 같아지면, 물체의 온도는 더 이상 올라가지 않고 일정한 상태를 유지하게 돼요. 이러한 상태를 **복사 평형**이라고 해요.

예를 들어, 그림 (가)와 (다)처럼 들어가는 물의 양과 나오는 물의 양에 차이가 생기면 물통 속 물의 양이 계속 늘어나거나 줄어들지만, 그림 (나)와 같이 들어가는 물의 양과 나오는 물의 양이 같다면, 물의 양은 일정하게 유지되겠지요? 이때 물통으로 들어가는 물의 양을 물체가 흡수하는 복사 에너지의 양에, 물통에서 나가는 물의 양을 물체가 방출하는 복사 에너지의 양에 비유한다면, 물통 속 물의 양은 평균 온도에 비유할 수 있고 온도가 일정하게 유지된다고 할 수 있어요.

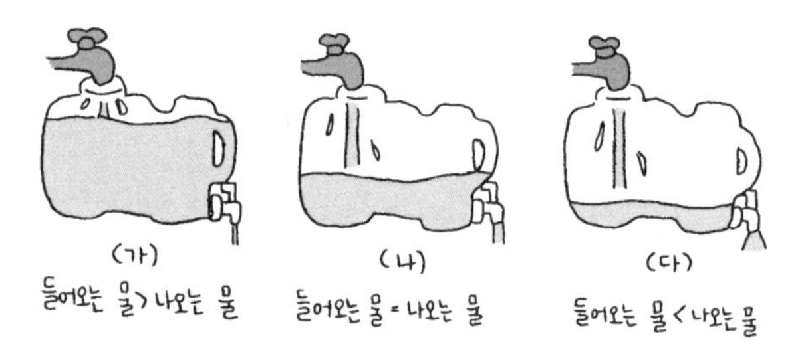

그렇다면 실제 태양과 지구 사이에서는 에너지양이 얼마만큼 오고 갈까요? 태양에서 방출되는 **태양 복사 에너지**와 그 영향을 받아 지구에서 방출하는 **지구 복사 에너지**가 이루는 복사 평형을 살펴볼까요?

지구에 들어오는 태양 복사 에너지를 100이라고 할 때 이 중에 30은 지구의 대기와 표면에서 반사되어 우주 공간으로 다시 빠져나가 버려요. 나머지 70은 지구의 지표면과 대기에서 흡수돼요. 이때 지구에서도 흡수한 태양 복사 에너지의 양인 70만큼의 지구 복사 에너지를 우주 공간으로 방출하게 되지요.

이렇게 지구는 태양과 복사 평형을 이루어요. 지구는 복사 평형을 이루고 있기 때문에 태양으로부터 계속해서 에너지를 받아도 지구의 평균

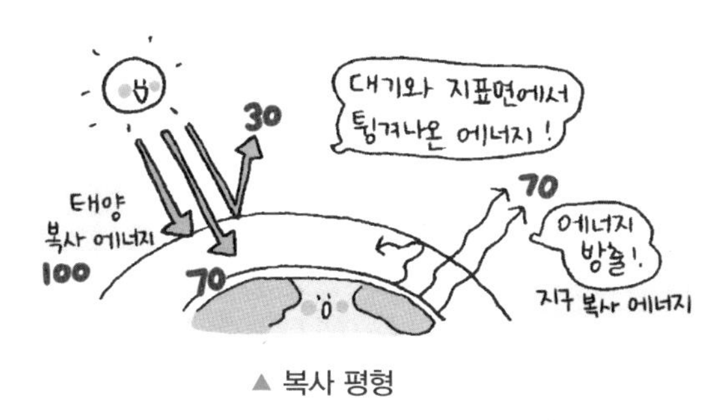

▲ 복사 평형

온도가 높아지지 않고, 일정하게 유지되는 것이에요.

지구 온난화

그러나 최근에는 지구의 평균 기온이 점점 높아지는 지구 온난화가 나타나고 있어요. 복사 평형이 이루어지면 분명, 평균 온도는 일정해야 하는데 왜 이런 현상이 일어나는 것일까요?

지구를 감싸고 있는 대기는 태양으로부터 오는 태양 복사 에너지는 잘 통과시키지만, 지구에서 방출되는 지구 복사 에너지는 대부분을 흡수해요. 이렇게 되면 우주 바깥으로 방출되어야 하는 지구 복사 에너지가 대기에 다시 흡수되고, 대기는 흡수한 복사 에너지의 일부를 다시 지표면으로 방출하게 되면서 지표면의 온도를 더 높이고, 지구를 보온하게 되죠. 이것을 **온실 효과**라고 해요.

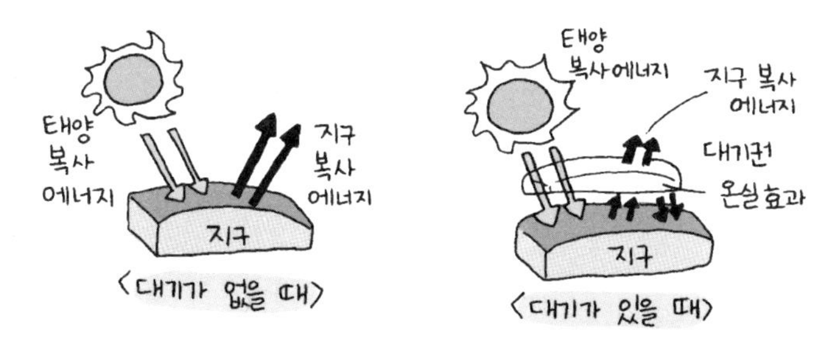

대기 중에서 온실 효과를 일으키는 기체를 **온실 기체**라고 불러요. 대표적인 온실 기체에는 수증기, 이산화 탄소, 메테인 등이 있어요.

실제 지구에는 대기가 있고, 온실 효과가 나타나면서 대기가 없을 때보다는 높은 온도에서 복사 평형을 이루어요. 온실 기체의 양이 일정하면 지구의 평균 기온은 그대로 유지가 돼요. 그러나 최근에는 대기 중으로 배출되는 온실 기체의 양이 점점 많아지고 있어요. 특히 산업이 발달하고 화석 연료를 많이 사용하면서 이산화 탄소가 많이 발생하게 되지요. 온실 기체의 양이 증가하면 온실 효과가 더 크게 나타나고 지구는 점점 더 높은 온도에서 복사 평형을 이루어 지구 표면의 온도가 상승할 수 밖에 없어요. 이와 같이 온실 효과의 증가로 지구의 평균 온도가 점점 높아지는 현상을 **지구 온난화**라고 해요.

지구가 계속 더워지면 빙하가 녹아서 바다로 흘러들어가면서 해수면의 높이가 상승하여 낮은 지역은 물에 잠길 수가 있어요. 또, 빙하를 서식처로 살아가는 북극곰과 같은 생물은 터전을 잃어버리게 되지요. 따라서 지구 온난화를 일으키는 주요 온실 기체의 배출량을 줄이려는 노력이 절실히 필요한 거예요.

과학 선생님 @Earth science

Q. 온실 기체가 지구를 덥게 하는 주범이라면, 없애면 되지 않을까요?

그건 아주 위험해요. 대기가 없다면 태양이 주는 에너지가 고스란히 지구에 도달하게 되겠죠? 그럼 지구는 대기가 거르지 못한 에너지를 전부 방출해야 하기 때문에 온실 효과는 없겠지만 현재보다 지구의 평균 기온이 훨씬 낮아지겠죠?

온실 기체_싫어 # 없애면_추워 # 기온이_내려가

개념체크

1 물체가 흡수하는 복사 에너지의 양과 방출하는 복사 에너지의 양이 같은 상태를 무엇이라고 하는가?

2 대표적인 온실 기체를 2가지 이상 쓰시오.

답 **1. 복사 평형 2. 수증기, 이산화 탄소, 메테인**

탐구 STAGRAM

복사 평형을 이루는 물체의 온도 확인하기

Science Teacher

① 검은색으로 칠한 알루미늄 컵에 온도계를 꽂은 후 뚜껑을 닫는다.

② 가열 장치를 켠 다음 2분 간격으로 20분 동안 컵 속의 온도를 측정한다.

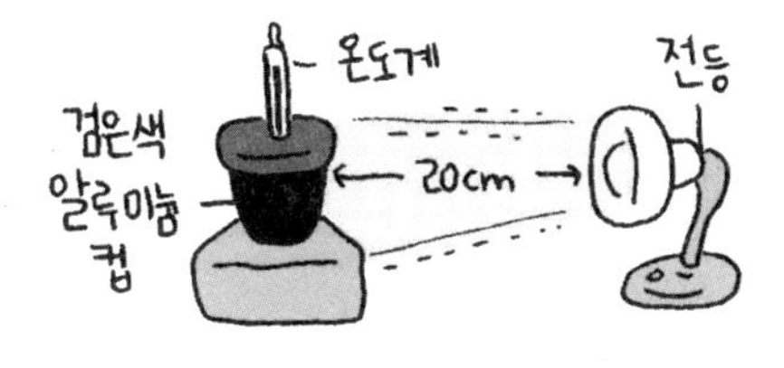

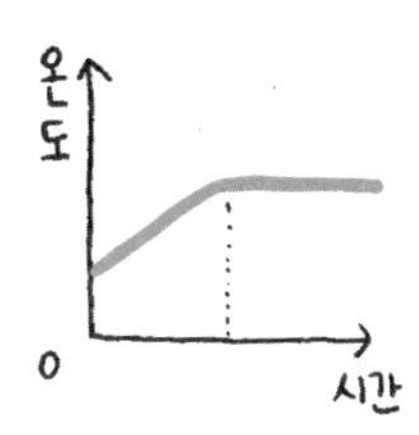

복사에너지 # 평균온도 # 복사평형 # 전등

전등과 알루미늄 컵은 실제 자연 상태에서 무엇에 비유할 수 있나요?

전등은 태양, 알루미늄 컵은 지구에 비유할 수 있어요.

실험 결과 그래프에서 온도가 일정한 구간은 어떤 의미가 있나요?

네. 흡수하는 복사 에너지의 양과 방출하는 복사 에너지의 양이 같은 복사 평형이 이루어진 상태를 의미해요.

새로운 댓글을 작성해 주세요. 등록

이것만은!

- 전등은 태양 빛, 알루미늄 컵은 지구에 비유한 것이다.
- 전등 빛을 계속 비추어도 온도가 일정하게 유지되는 구간이 나타난다. (복사 평형)

19 대기 중의 수증기

눈에 안 보여도 항상 우리 옆에 있어!

햇빛이 쨍쨍 비치는 날에 젖은 빨래를 널어두면 빨래가 잘 마르지요. 이것은 젖은 빨래 속의 물이 수증기로 변해 대기 중으로 날아갔기 때문이에요. 대기 중에는 우리 눈에 보이지 않는 수증기가 얼마나 포함되어 있을까요?

포화 수증기량

햇빛이 쨍쨍한 날과 달리 비만 계속 내리는 장마철에는 빨래가 쉽게 마르지 않아요. 맑은 날과 장마철은 어떤 차이가 있기에 이러한 현상이 생기는 걸까요? 그림과 같이 똑같은 크기의 페트리 접시에 같은 양의 물을 넣고, 한쪽만 수조로 덮고 2~3일 동안 관찰하면, 수조를 덮지 않은 쪽은 물이 계속해서 줄어들다가 마침내 모두 증발해버려요. 반면, 수조를 덮은 쪽은 물이 조금 줄어들다가 더 이상 변하지 않고 그대로 있는 것을 볼 수 있어요.

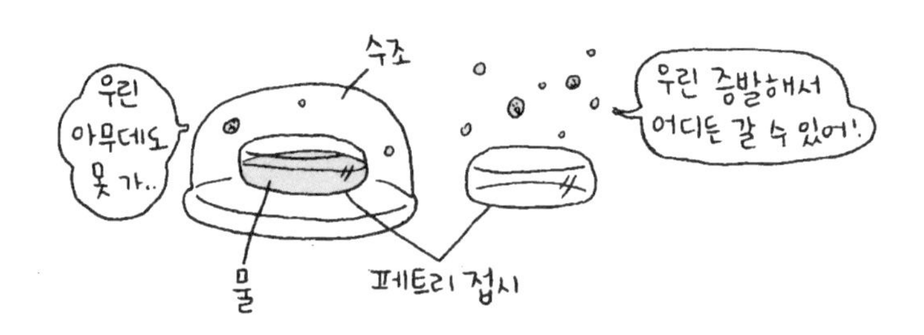

이것은 페트리 접시에서 증발한 수증기가 대기 속으로 날아갈 때, 수조 안에 있는 물이 증발하여 수증기가 되어도 수조 안의 공기가 포함할 수 있는 수증기의 양에 한계가 있기 때문이에요. 실험에서처럼 일정한 양의 공기가 수증기를 최대한 포함할 수 있는 상태를 **포화 상태**라고 해

요. 그리고 포화 상태의 공기 1 kg 속에 들어 있는 수증기량을 g으로 나타낸 것을 **포화 수증기량**이라고 해요.

과학 선생님 @Earth science

Q. 공기가 포화 상태라고요? 포화 수증기량에 대해 자세히 알려주세요.

어떤 공기 1 kg에 최대한 포함될 수 있는 수증기의 양을 포화 수증기량이라고 해요. 포화 상태의 공기 1 kg에 들어 있는 수증기량이 30 g 이라면 이 공기의 포화 수증기량은 30 g/kg이 되는 것이지요. 만약 포화 상태인데도 수증기를 더 넣게 되면 어떤 일이 일어날까요? 수증기로 공기 중에 있을 수 있는 자리가 없기 때문에 포화 수증기량보다 남는 수증기는 다시 물방울로 되돌아가요.

#내가 #있을_곳이 #없으니 #다시_돌아갈게 #물방울로 #씁쓸

온도와 포화 수증기량

포화 수증기량은 똑같은 장소의 공기라도 온도에 따라 그 값이 변해요.

그림과 같이 따뜻한 물을 조금 넣고 마개로 막은 둥근 플라스크에 뜨거운 드라이어 바람을 보내면 플라스크 내부가 맑아져요. 이것은 드라이어 바람으로 인해 내부 온도가 높아지면서 공기가 포함할 수 있는 수증기량이 증가하므로 물이 증발하여 수증기로 공기 중에 들어 있는 것이에요. 하지만, 이 플라스크를 다시 찬물에 담그면, 플라스크 내부가 뿌옇게 흐려지면서 물방울이 맺히게 돼요. 이것은 찬물에 담그면 온도가 낮아져 플라스크 내부 공기가 최대한 포함할 수 있는 수증기량이 줄어들게 되면서 수증기가 물방울로 변하기 때문이에요.

포화 수증기량은 온도가 높아지면 증가해요. 반대로 온도가 낮아지면 포화 수증기량은 낮아져요.

아래의 그래프를 보면 기온이 높아질수록 포화 수증기량이 증가하고 있다는 사실을 알 수 있지요? 그래프에서 15 ℃의 공기에서 포화 수증기량이 10 g/kg이라는 것은 15 ℃의 공기 1 kg이 최대한 포함할 수 있는 수증기량이 10 g이라는 뜻이에요.

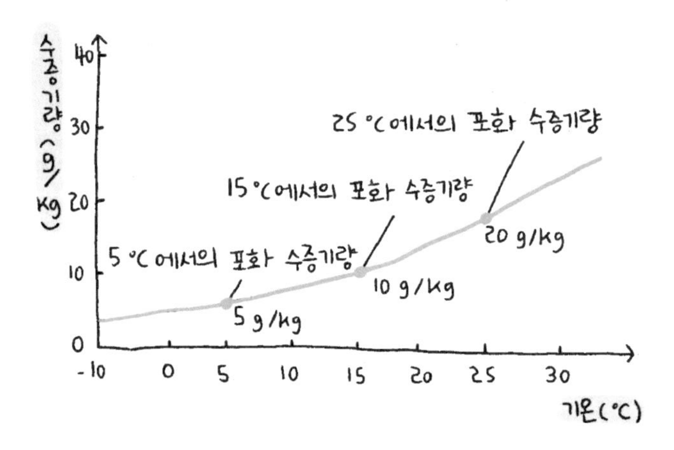

이슬점

공기가 포함할 수 있는 수증기량보다 더 많은 수증기가 공기 중에 있다면 어떻게 될까요? 그 수증기는 다시 물방울이 돼요.

예를 들어, 냉장고에서 시원한 물을 꺼내어 컵에 담아두면 컵 주변에 물방울이 맺히는 것을 볼 수 있어요. 이것은 차가운 컵 주변의 온도가 낮아지면서 포화 수증기량이 감소하여 나타나는 현상이에요. 즉, 주변의 수증기 중에서 포화 상태가 되고 남는 수증기는 다시 물방울이 되어 컵에 이슬로 맺히는 것이지요. 이처럼 수증기가 물방울이 되는 현상을 **응결**이라고 해요. 그리고 이 응결이 일어날 때의 온도를 **이슬점**이라고 불러요.

온도와 이슬점의 관계

온도 상승 ➡ 포화 수증기량이 증가하므로 응결이 일어나기 쉽지 않음 ➡ 이슬점 증가

온도 하강 ➡ 포화 수증기량이 감소하므로 응결이 잘 일어남 ➡ 이슬점 감소

상대 습도

우리는 평소에 건조하다, 습하다는 말을 많이 사용하죠? 이렇게 공기가 습한 정도를 숫자로 표시한 것을 습도라고 해요. 우리가 흔히 사용하는 습도는 **상대 습도**를 의미해요. 말 그대로 상대적으로 느끼는 습한 정도예요.

상대 습도는 무엇을 기준으로 비교하는 걸까요? 바로 공기 중의 실제 수증기량을 비교해요. 즉, 현재 공기가 포함할 수 있는 최대 수증기량에 대해 실제로 들어 있는 수증기량의 비율로 상대 습도를 결정하는 것이에요.

상대 습도를 밥 먹는 양에 비유해 볼까요?

내가 최대한 먹을 수 있는 밥의 양은 두 공기이고, 친구는 밥 세 공기를 최대한 먹을 수 있다고 해요. 그럼 두 사람이 똑같이 한 공기를 먹었을 때, 누가 더 포만감을 느낄까요? 바로 나겠죠?

마찬가지로 상대 습도도 현재 공기가 최대한 포함할 수 있는 수증기량에 대해 실제로 들어 있는 수증기량이 많다면 상대 습도가 높게 나타나는 것이죠.

내가 최대한 먹을 수 있는 밥 양

친구가 최대한 먹을 수 있는 밥 양

그럼 실제로 상대 습도는 어떻게 구해지는지 아래의 식을 살펴볼까요?

$$\text{상대 습도(\%)} = \frac{\text{현재 공기 중에 포함된 수증기량(g/kg)}}{\text{현재 기온에서의 포화 수증기량(g/kg)}} \times 100$$

기온이 일정하다면 현재 기온에서의 포화 수증기량은 일정해요. 그럼 현재 공기 중에 포함된 수증기량에 따라서 상대 습도가 달라질 거예요. 반대로 현재 공기 중에 포함된 수증기량은 일정해도 기온이 달라져 포화 수증기량이 달라지면 상대 습도도 변하겠지요?

예를 들어, 상대 습도가 높은 방 안에 난로를 켜면 현재 공기 중에 포함된 수증기량은 변화가 없지만 난로로 인해서 기온이 올라가면 현재 공기 중에서의 포화 수증기량이 증가하므로 상대 습도는 낮아지게 돼요. 난로를 켰을 때 건조하다고 느끼는 것은 상대 습도가 낮아지기 때문이죠.

다른 예로, 같은 기온인데도 장마철에는 상대 습도가 높고 눅눅한 것은 기온이 일정하여 현재 기온에서의 포화 수증기량은 같더라도, 공기 중에 포함된 수증기량이 많으므로 상대 습도가 높아서 눅눅하게 느껴지는 것이에요. 이렇게 습도는 우리 생활과 밀접한 관계가 있어요.

개념체크

1 포화 상태의 공기 1 kg 속에 들어 있는 수증기량을 g으로 나타낸 것을 무엇이라고 하는가?

2 응결이 일어날 때의 온도를 무엇이라고 하는가?

답 1. 포화 수증기량 2. 이슬점

20 구름과 강수

구름도 솜사탕처럼 뜯어질까?

하늘을 보면 깃털처럼 흩어져 있거나 양이 떼를 지어 몰려가는 것 같은 다양한 모양의 구름을 만나 볼 수 있어요. 이러한 구름은 어떻게 해서 생성된 것일까요?

구름의 생성

구름이 어떻게 생성되는지 그 원리를 알기 위해서는 단열 팽창의 의미부터 잘 이해해야 해요. **단열 팽창**이란 외부와 열을 주고받지 않고, 공기의 부피가 팽창하면서 온도가 내려가는 현상을 말해요.

우리가 입을 크게 벌려 손등에 "하아~"하고 입김을 불면 따뜻한 입김이 나오죠? 반대로 입을 작게 오므려 "호오"하고 불면 시원한 바람이 느껴져요. 이것은 입을 작게 오므리고 불 때, 입안의 공기가 좁은 곳에서 빠져 나와 갑자기 부피가 커지게 되면서 공기의 온도가 내려간 거예요.

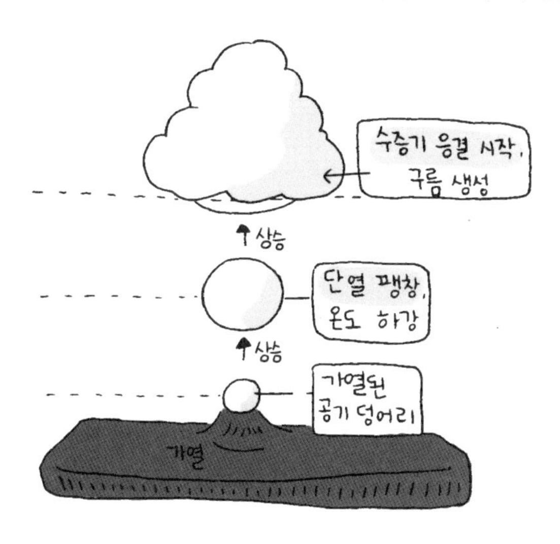

구름이 생성될 때에도 이러한 단열 팽창이 일어나게 돼요. 구름이 생성되기 위해서는 우선 지표면의 공기가 올라가야 해요.

수증기를 포함하고 있는 공기 덩어리가 위로 올라가면, 올라갈수록 압력은 낮아지므로 공기 덩어리는 팽창하게 돼요. 이때 단열 팽창이 일어나요. 따라서 공기 덩어리의 온도가 낮아지게 되죠.

공기 덩어리가 더 높이 올라가면 온도는 이슬점 이하로 내려가면서 수증기는 응결하여 물방울이 돼요. 그리고 온도가 0 ℃ 이하로 내려가면 얼음 알갱이가 생성되기도 해요. 이렇게 생긴 물방울과 얼음 알갱이가 하늘에 떠 있는 것이 **구름**이에요.

과학 선생님@Earth science

Q. 공기가 상승할수록 왜 압력이 작아지는 거죠?

지표면으로부터 높이 올라갈수록 대기가 적어지기 때문이에요. 대기가 점점 줄어들면서 대기가 누르는 압력이 작아지는 것이죠. 그러면 공기 덩어리를 눌러주는 압력이 작아져 팽창이 일어나게 돼요. 단열 팽창을 하면 기온이 내려간다는 사실 꼭 기억하세요!

#위로_갈수록 #공기가_없어 #누르고_싶어도 #대기가_없단_말이야

구름이 생성되기 위해서는 먼저 공기가 하늘로 상승하는 과정이 꼭 필요해요. 공기는 어떤 경우에 상승하는 것일까요? 먼저 지표면의 일부가 가열되어 공기가 가벼워지면 위로 상승하게 돼요. 또, 옆으로 이동하던 공기가 산을 만나 산을 타고 올라가면서 상승하게 되죠. 그리고 찬 공기와 따뜻한 공기가 만나면 상대적으로 가벼운 따뜻한 공기가 무거운 찬 공기 위에 올라타서 상승하기도 해요.

강수

이렇게 만들어진 구름으로부터 비나 눈이 내려요. 그러나 구름이 있다고 해서 항상 비나 눈이 내리는 것은 아니에요. 하늘에 구름이 잔뜩

끼어 있어서 비가 곧 내릴 것같이 보여도 비가 오지 않을 때가 있지요? 이것은 구름을 이루는 구름 입자가 너무 작아서 빗방울이 될 만큼 커지지 않았기 때문이에요. 실제로 비나 눈이 내리려면 구름을 이루는 구름 입자의 크기가 지표로 떨어질 정도로 커져서 무거워져야 해요. 보통 구름 입자가 약 100만 개 이상이 모여야 빗방울 한 개를 만들 수 있어요. 이렇게 모인 빗방울들이 지표로 떨어지는 현상을 **강수**라고 해요.

병합설

날씨가 더운 열대 지방에서는 구름이 생성되는 온도가 0 ℃보다 높으므로 구름에는 얼음 알갱이는 없고 물방울로만 이루어져 있어요. 구름 속에 있는 크고 작은 물방울들이 부딪치고 뭉쳐지면서 커지면 빗방울이 되어 지표로 떨어지게 되는 것이에요. 이러한 과정으로 따뜻한 비가 내리는 강수 이론을 **병합설**이라고 해요.

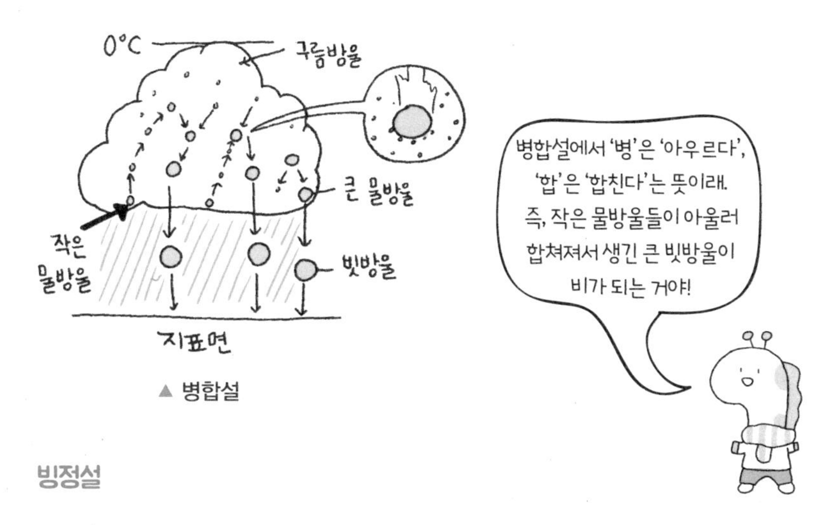

▲ 병합설

빙정설

우리나라와 같은 중위도 지방이나 추운 고위도 지방에서는 구름이 생성되는 온도가 낮아요. 따라서 구름 속에는 빙정과 과냉각 물방울이 함께 존재해요.

과냉각 물방울은 0 ℃ 이하로 기온이 떨어져도 아직 얼지 않고 있는 액체 상태의 물방울을 의미해요. 과냉각 물방울 주변의 온도가 빙정 주변의 온도보다 높아 포화 수증기량이 상대적으로 많으므로 증발이 일어나서 수증기가 형성돼요. 이러한 수증기가 빙정에 달라붙게 되면서 빙정이 점점 커지고 무거워지고, 무거워진 빙정이 떨어지는 과정에서 주변 온도가 높아서 녹으면 비가 돼요. 이것을 **빙정설**이라고 해요.

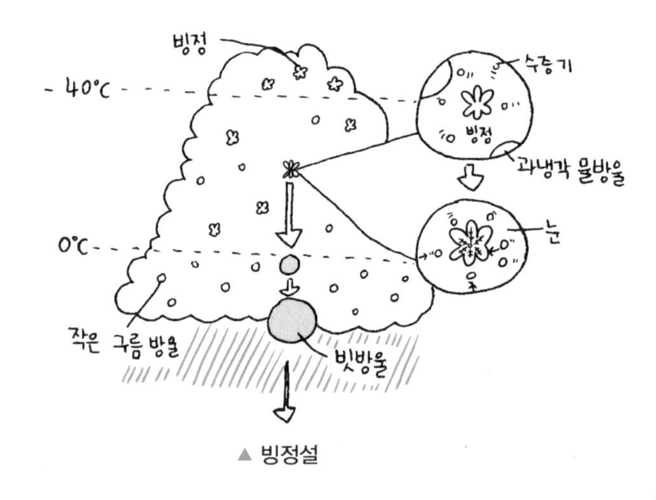

▲ 빙정설

개념체크

1 다음은 구름의 생성 과정을 순서대로 나타낸 것이다. ( ) 안에 들어갈 알맞은 말을 순서대로 쓰시오.

보기
공기 상승 ➡ 단열 (　) ➡ 기온 하강 ➡ 이슬점 도달 ➡ 수증기 (　) ➡ 구름 생성

2 우리나라와 같은 중위도 지방에서 비가 내리는 강수 이론은?

답 1. 팽창, 응결 2. 빙정설

탐구 STAGRAM

단열 팽창 실험을 통해 구름의 생성 과정 이해하기

Science Teacher

① 페트병 안의 공기를 간이 가압 장치를 이용하여 압축했을 때와 뚜껑을 열고 공기를 팽창시켰을 때의 내부와 온도 변화를 관찰한다.

② 향 연기를 넣은 다음, 같은 실험을 반복한다.

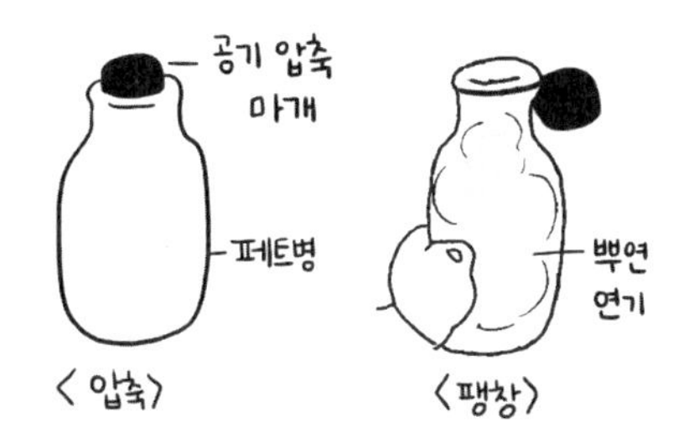

단열팽창 # 구름 # 응결핵 # 기온하강

실험에서 향 연기의 역할은 무엇인가요?

응결핵 역할을 해요. 향 연기를 중심으로 수증기가 쉽게 뭉쳐서 응결될 수 있도록 응결의 중심 역할을 하지요.

페트병 안의 공기를 압축시키는 경우와 팽창시키는 경우 중에서 구름이 생성되는 경우는 어떤 경우인가요?

공기를 팽창시키는 경우예요. 페트병 안의 공기가 팽창되면 기온이 내려가면서 이슬점에 도달하여 수증기가 응결하면서 뿌옇게 흐려져요. 이것은 구름이 생성되는 경우에 해당해요.

새로운 댓글을 작성해 주세요. 등록

이것만은!
- 공기가 팽창하면 온도가 내려가면서 뿌옇게 흐려진다. (구름의 생성)
- 향 연기가 응결핵의 역할을 하므로 구름이 더 잘 생성된다.

21 기압과 바람

보이지 않는 거대한 힘을 만드는 공기!

책상 위에 신문지 한 장을 넓게 펴고 신문지 아래쪽에 자를 넣어 자로 신문지를 재빠르게 들어 올리면 쉽게 들어 올리지 못할 거예요. 이것은 눈에 보이지 않는 기압이 신문지를 누르고 있기 때문이에요. 기압이 무엇이기에 신문지 하나 들어 올리지 못하는 걸까요?

기압

우리가 살고 있는 지구는 공기로 둘러싸여 있어요. 이러한 공기는 활발하게 움직이면서 부딪힐 때 힘을 가해요. 이렇게 공기가 충돌하면서 **단위 면적에 작용하는 힘을 기압**이라고 해요.

지표면으로부터 1000 km까지 공기가 분포하고 있지만 우리는 기압을 잘 느끼지 못해요. 느껴지지도 않고 눈에 보이지도 않는 기압이지만 종이팩 음료를 마실 때는 확인이 가능해요. 팩 음료를 다 마신 후 빈 용기의 공기를 빨아들이면 팩이 사방에서 찌그러지는 것을 볼 수 있어요. 이것은 팩 안의 공기가 줄어들어 기압이 낮아지므로, 외부의 기압이 더 커서 팩을 사방에서 누르기 때문이에요. 팩이 사방에서 찌그러진 것으로 보아 기압은 모든 방향에서 작용하는 것을 알 수 있어요.

토리첼리의 기압 측정

손에 잡히지 않는 기압을 어떻게 측정할 수 있을까요? 최초로 기압의 크기를 측정한 과학자가 있어요. 바로 이탈리아의 화학자 토리첼리예요. 토리첼리는 실험을 통해 지표면에서 공기가 누르는 대기압과 76 cm인 수은 기둥이 누르는 압력이 같다는 사실을 발견했어요. 그리고 이 압력을 1기압으로 정했어요.

토리첼리의 실험을 함께 살펴볼까요? 먼저 수은을 유리관에 넣고, 수은이 담긴 수조에 뒤집어 넣어요. 생각으로는 유리관의 수은이 다 빠져나올 것 같지만 유리관 속 수은은 빠져나가다가 높이가 약 76 cm에서 빠져나가는 것을 멈춰요. 이 상태로 멈췄다는 것은 수은 기둥 76 cm가 누르는 압력과 아래쪽 수조에서 수은 기둥을 떠받치는 압력이 같다는 것을 의미해요. 그렇다면 아래쪽 수조에 담긴 수은이 수은 기둥을 향해 가하는 압력은 어디에서 온 것일까요? 이것은 눈에 보이지 않는 공기인 대기가 수조에 담긴 수은 표면을 누르고 있기 때문이에요. 여기서 바로 기압이 존재한다는 것을 알게 되는 것이죠. 그리고 76 cm인 수은 기둥이 누르는 압력을 대기가 누르는 1기압의 단위로 정하게 돼요.

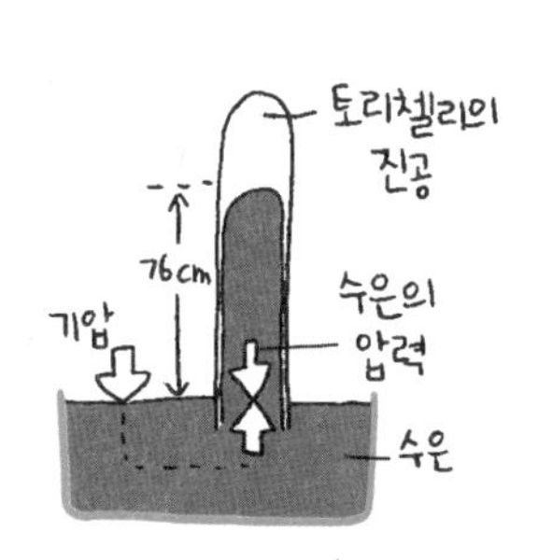

토리첼리의 과학적 발상

수은 기둥이 76cm에서 멈췄다!
수은 기둥을 멈추게 한 힘은 무엇이지?

수조가 담긴 수은 표면에서 가하는 기압이 원인!

이 실험에서 수은 대신에 물을 이용한다면 어떻게 될까요? 물은 수은보다 밀도가 작아서 훨씬 가벼우므로 수은보다 누르는 압력이 약해요. 따라서 물기둥은 약 10 m가 되어야만 대기가 누르는 힘과 같아져요. 즉, 지표면에서 작용하는 1기압은 물기둥 10 m 높이만큼의 압력으로 누르는 것과 같은 크기라고 할 수 있어요.

장소가 다르면 이 실험은 어떻게 될까요? 기압이 낮은 곳에서 이 실험을 하면 수은 기둥을 들어 올리는 힘이 약해지므로 수은 기둥의 높이는 낮아져요. 반대로 기압이 높은 곳에서 실험을 하면 수은 기둥을 들어 올리는 힘이 강해지므로 수은 기둥의 높이는 높아지지요.

기압의 변화

기압의 크기는 모여 있는 공기의 양에 따라서 결정돼요. 그리고 공기의 양은 시간과 장소에 따라 변해요. 일반적으로 위로 높이 올라갈수록 공기의 양이 감소하기 때문에 기압도 낮아져요.

높이뿐만 아니라 같은 지표면에서도 공기가 많이 모인 곳이 있고, 적게 모인 곳이 있어서 기압이 달라질 수 있어요. 보통 지표면이 부분적으로 냉각되는 곳은 공기가 하강하게 되면서 지표면 쪽으로 공기가 모여들어 지표면의 기압이 높아져요. 이처럼 주변보다 공기가 많이 모여 있어서 기압이 높은 곳을 **고기압**이라고 해요. 반대로 지표면이 가열되는 곳은 지표면 쪽 공기가 주변 공기보다 가벼워져서 상승하기 때문에 지표면의 공기가 적어지면서 기압이 낮아져요. 주변보다 공기가 적게 모여 있어서 기압이 낮은 곳을 **저기압**이라고 해요.

과학 선생님 @Earth science

Q. 뉴스에서 고기압, 저기압 이야기 많이 들었는데, 날씨에 영향을 많이 주나요?

일반적으로 고기압 중심에서는 상공에서 지표로 공기가 내려오는 하강 기류가 발달하여 구름이 없고 날씨가 맑아요. 반면, 저기압 지역에서는 지표에서 상공으로 공기가 올라가는 상승 기류가 발달하여 구름이 형성되고 날씨가 흐리답니다.

#고기압은 #맑은_날씨 #저기압은 #흐린_날씨 #너_오늘_저기압이니?

그리고 지표면에서 지역에 따라 고기압과 저기압이 생겨나면, 기압 차이가 생기면서 기체인 공기는 기압이 높은 곳에서 낮은 곳으로 움직이게 돼요. 마치 수조 속에 칸막이를 가운데에 두고 한쪽은 물이 많고, 한쪽은 적을 때, 칸막이를 제거하면 물이 많은 곳에서 적은 곳으로 흘러가는 것처럼 말이에요. 공기도 이와 같이 많은 곳에서 적은 곳으로, 즉 고기압에서 저기압으로 이동해요. 이렇게 공기가 수평 방향으로 이동하는 흐름을 **바람**이라고 해요.

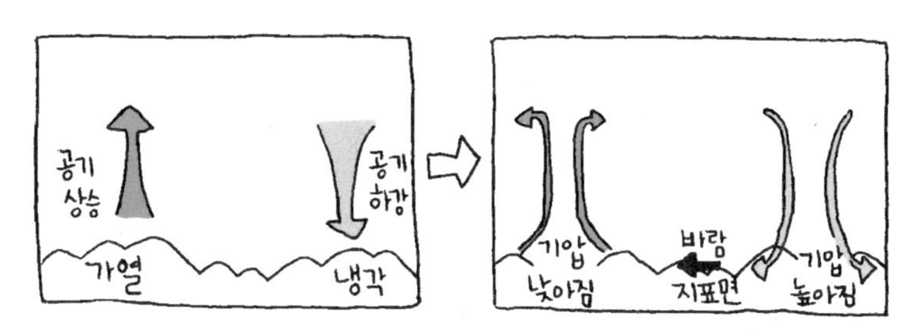

바람

해안 지역에서는 밤낮을 주기로 풍향이 바뀌는 바람이 불어요. 낮에는 바다에서 육지로 해풍이 불고, 밤에는 육지에서 바다로 육풍이 불어요. 변덕스럽게 부는 줄 알았던 바람에게 무슨 일이 있는 걸까요?

해수욕장에 놀러갔을 때를 생각해 볼까요? 낮에 모래사장을 맨발로 밟으면 뜨거워서 깜짝 놀라지만 바닷물에 발을 담근 순간 시원해짐을 느꼈을 거예요. 이처럼 똑같은 햇빛이 비춰도 육지가 더 빠르게 가열돼요. 그리고 이렇게 뜨거워진 육지로 인해 육지 주변 공기의 온도가 높아지면서 공기는 가벼워져요.

가벼워진 육지의 공기는 상승하게 되고, 육지 지표면 공기의 양이 줄어들면서 저기압이 형성되죠. 이렇게 되면 상대적으로 공기의 양이 많은 바다에서 육지로 공기가 이동하면서 바람이 불어요. 이때 바다에서 육지로 부는 바람을 **해풍**이라고 해요.

밤이 되면 바다보다 육지의 온도가 더 빠르게 내려가요. 이때는 육지가 냉각되어 육지 상공으로 올라갔던 공기가 육지의 지표면 쪽으로 내려오게 돼요.

육지 지표면에 공기가 많이 모이게 되면서 육지는 고기압이 되지요. 이때 육지에서 바다로 공기의 흐름이 생기면서 **육풍**이 부는 것이에요. 이처럼 해안 지역에서 밤낮을 주기로 풍향이 바뀌는 바람을 **해륙풍**이라고 해요.

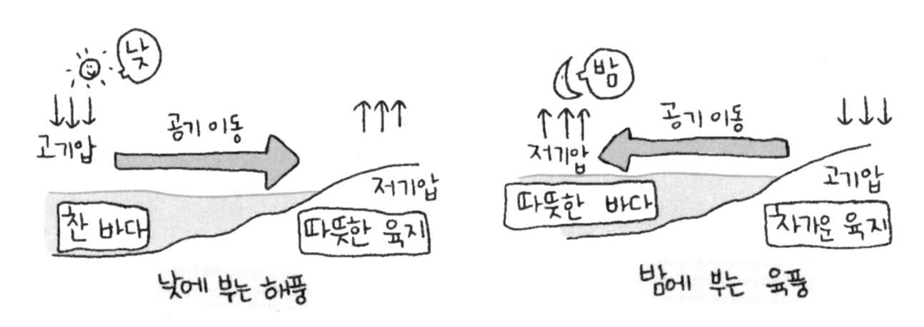

▲ 해풍과 육풍

과학 선생님 @Earth science

Q. 낮에 육지 쪽으로 부는 바람을 왜 해풍이라고 해요?

바람의 이름을 정하는 원리를 알려줄게요. 바람의 이름은 바람이 부는 쪽을 기준으로 정해요. 즉, 바람이 시작되는 곳이 기준이에요. 예를 들어, 동풍은 동쪽에서 부는 바람이고, 해풍은 바다에서 부는 바람이라 그렇게 부르는 것이죠. 이제 육풍, 해풍 이름의 원리가 완전히 이해되었죠?

#바람이 #시작되는_곳 #그곳의 #이름을_쓰지

개념체크

1 1기압의 크기는 수은 기둥 몇 cm가 누르는 압력과 같은가?

2 해안 지역에서 낮에 바다에서 육지로 부는 바람은 무엇인가?

답 1. 76 cm 2. 해풍

연주 시차

별은 얼마나 멀리 있는 걸까?

밤하늘에 반짝이는 별들을 본 적이 있지요? 별은 스스로 빛을 내는 천체이므로 깜깜한 밤에도 볼 수 있죠. 태양은 별 중에서 지구와 가장 가까운데도 불구하고, 지구에서 약 1억 5천만 km나 떨어져 있어요. 그렇다면 태양보다 훨씬 먼 별까지의 거리는 지구에서 어떻게 측정할 수 있을까요?

시차

지구에서부터 별까지의 거리는 매우 멀기 때문에 우리 눈에는 작은 점으로밖에 보이지 않아요. 그래서 우리가 상상하기도 어려울 만큼 멀리 떨어진 별까지의 거리를 직접 재는 것은 어려워요. 이처럼 지구에서부터 멀리 떨어진 별의 거리를 구할 때는 시차를 이용해요. **시차**는 관측자의 위치에 따라 물체의 위치가 다르게 보일 때 생기는 각도의 차이를 뜻해요. 물체와의 거리에 따라 시차가 달라지므로 이를 이용하여 물체까지의 거리를 구할 수 있어요.

연필을 가까이, 그리고 멀리 들고 두 눈으로 연필이 보이는 위치를 표시해 봐!

위 그림에서 관측자와 연필의 관측 지점이 이루는 각인 시차의 크기에 변화가 보이나요? 연필을 가까이에서 볼 때보다 팔을 펴서 관측자와 연필의 거리가 멀 때 시차가 작은 것을 확인할 수 있어요. 즉, 관측자와 물체 사이의 거리가 멀수록 시차가 작아지지요. 따라서 시차 변화를 통해 물체의 거리를 구할 수 있는 것이에요.

연주 시차

시차를 측정하면 관측자로부터 물체까지의 거리를 측정할 수 있는 것처럼 지구로부터 별까지의 거리도 시차를 이용하여 구할 수 있어요. 밤하늘에서 별들을 자세히 관측하면 지구에서 비교적 가까운 별은 6개월 간격으로 위치가 달라져 보이면서 시차가 생겨요. 이것은 별이 6개월 간격으로 이동하는 것이 아니라 지구가 태양 주위를 공전하기 때문에 나타나는 현상이에요.

그럼, 지구에서 바라본 별의 위치를 측정해 볼까요? 별은 지구로부터 매우 멀리 떨어져 있어요. 그래서 지구가 태양을 중심으로 공전하는 동안 지구 공전 궤도에서 가장 멀리 떨어진 두 지점에서 측정해야 해요.

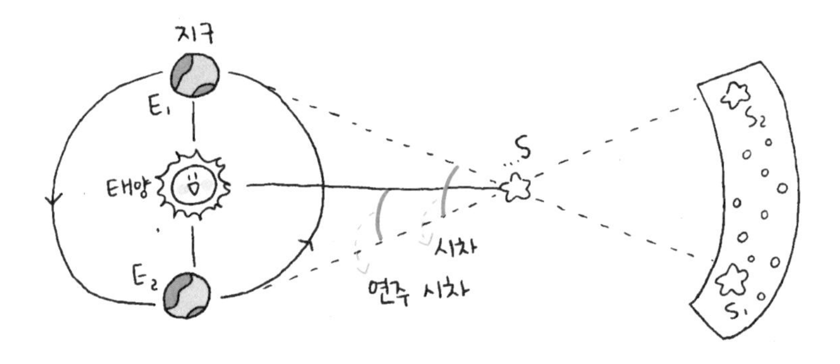

위의 그림에서 지구가 E_1에 있을 때는 별 S가 매우 멀리 있는 별자리를 배경으로 S_1에 있는 것처럼 보이지만, 지구가 공전하여 6개월 뒤, E_2에 위치할 때는 별 S가 S_2에 있는 것처럼 보여요. 이렇게 6개월 간격으로 지구에서 별의 위치를 측정하면 $\angle E_1SE_2$가 이 별의 시차가 돼요. 그리고 이 시차의 절반을 **연주 시차**라고 해요. 별의 연주 시차는 매우 작아서 ″(초) 단위로 나타내요. ″(초)는 시간의 단위와 헷갈릴 수 있어요. °(도) 단위를 3600등분 한 각도가 ″(초) 단위로, 1°(도)는 3600″(초)이지요.

연주 시차는 지구에서부터 별까지의 거리가 가까울수록 크고, 멀수록 작아져요. 즉, 연주 시차와 별의 거리는 반비례 관계에 있어요. 과학자들은 연주 시차가 1″(초)인 별까지의 거리를 1 pc(**파섹**)으로 정했어요. 그리고 이것을 이용해서 지구에서부터 별까지의 거리를 아래의 식으로 구할 수 있게 되었어요.

$$\text{별의 거리(pc)} = \frac{1}{\text{연주 시차}(″)}$$

우주에서의 단위

별의 거리 단위인 pc(파섹)이라는 단어가 낯설죠? 지구에서 별까지의 거리는 너무 멀어서 우리가 일반적으로 지구에서 사용하는 km 단위로는 그 거리를 표현하기 어려워요. 지구와 태양 사이의 거리도 약 1억 5천만 km나 되기 때문에 지구와 태양 사이의 거리를 1 AU라고 정했어요. 그런데 지구에서 별까지의 거리는 AU 단위로 표현하기에도 너무 멀리 있기 때문에 더 큰 단위인 pc(파섹)이 나온 것이에요. 1 pc은 약 206265 AU랍니다. pc(파섹)의 단위를 사용하는 별이 지구에서 얼마나 멀리 떨어져 있는지 상상이 되나요?

별까지의 거리를 나타내는 또 다른 단위가 있는데, 바로 **광년**이에요. 1광년은 빛의 속도로 일 년 동안 이동한 거리를 뜻해요. 빛의 속도가 약 30만 km/s이므로 빛은 1초 동안 30만 km를 이동할 수 있어요. 이러한 빛이 1년을 이동한 거리가 1광년이라고 할 수 있죠. 정말 먼 거리라는 것을 짐작할 수 있겠지요? 또한, 1 pc을 광년 단위로 바꾸면 약 3.26광년에 해당한답니다.

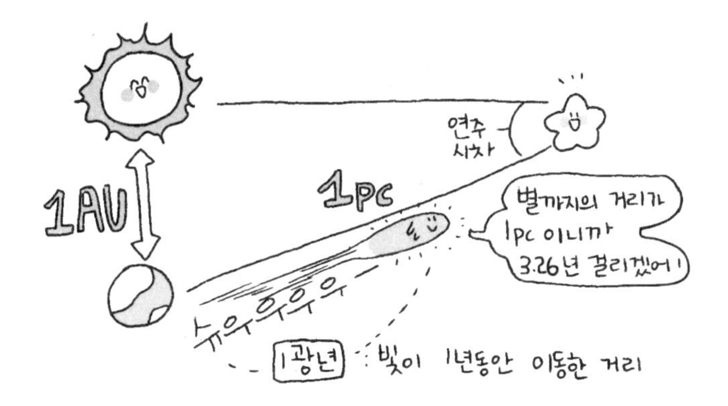

과학 선생님@Earth science

Q. 별이 너무 멀리 있는데 지구에서 연주 시차로 측정이 가능한가요?

별까지의 거리가 너무 멀다보니 연주 시차도 매우 작게 나와요. 태양을 제외하고 지구에서 가장 가까운 별의 연주 시차도 0.76″로 매우 작아서, 실제로 별의 연주 시차를 측정할 때는 매우 정밀한 기계를 사용해야 해요. 사실 100 pc 이상 멀리 있는 별은 정밀한 기계로 측정하기에도 연주 시차가 너무 작아서 측정하기 어려워요. 결론적으로 연주 시차를 이용해서 별의 거리를 알아내는 방법은 지구에서 100 pc 이내에 있는 비교적 가까운 별만 가능해요.

#너무_먼_별 #연주시차_작아 #가까운별만

개념체크

[1-2] 지구에서 6개월 간격으로 관측했을 때의 어느 별의 시차를 나타낸 것이다.

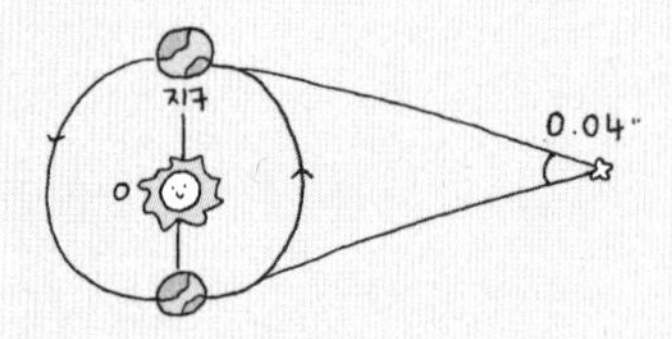

1 이 별의 연주 시차는 몇 ″(초)인가?

2 지구에서 이 별까지의 거리는 몇 pc(파섹)인가?

답 1. 0.02″ 2. 50 pc

별의 등급과 색깔

별도 알록달록 색깔이 다르네!

밤하늘의 수많은 별들을 자세히 보면 밝기가 모두 다른 것을 볼 수 있어요. 어떤 별은 매우 밝지만 어떤 별은 희미해서 잘 안 보이기도 해요. 이처럼 별의 밝기가 똑같지 않고 차이가 나는 이유는 무엇일까요?

별의 밝기와 겉보기 등급

고대 그리스의 과학자 히파르코스는 별들을 맨눈으로 관찰하고, 처음으로 별의 밝기를 체계적으로 나타낸 사람이에요. 그는 눈에 보이는 별 중에서 가장 밝게 보이는 별을 1등성으로 정하고, 가장 어둡게 보이는 별을 6등성으로 정했어요. 그리고 중간 밝기에 속한 별들을 2등성, 3등성, 4등성, 5등성으로 나누었어요. 그 후 과학의 발전으로 별의 밝기 차이를 정밀하게 측정할 수 있게 되어 1등성이 6등성보다 약 100배 밝으며, 등급 간의 밝기 차이가 일정하다는 것을 알아냈어요. 즉, 1등성과 6등성의 등급은 5등급 차이가 나므로 1등급 차이마다 밝기는 약 2.5배의 차이가 난다는 것이에요. 이렇게 히파르코스가 정한 것처럼 우리 눈에 보이는 별의 밝기를 기준으로 정한 등급을 **겉보기 등급**이라고 해요. 겉보기 등급은 우리 눈에 밝게 보이는 별일수록 등급이 작아요.

맨눈으로 볼 때 가장 밝게 보이는 별의 밝기는 겉보기 등급으로 1등급이고, 가장 어둡게 보이는 별의 밝기는 겉보기 등급으로 6등급이에요. 그러나 오늘날에는 관측 기술의 발달로 등급의 범위가 더 넓어졌어요. 그래서 1등급보다 더 밝은 별은 0, −1, −2, …… 등급으로, 6등급보다 어두운 별은 7, 8, 9, …… 등급으로 나타낼 수 있어요.

별의 거리와 밝기

지구에서 볼 때 가장 밝은 별은 태양이에요. 그렇다면 태양이 우주에서 가장 밝은 별일까요? 태양은 지구에서 가장 가까이 있기 때문에 다른 별보다 밝게 보이는 것이에요. 실제로는 태양보다 훨씬 밝지만 지구로부터 너무 멀리 떨어져 있어서 어둡게 보이는 별도 있어요. 즉, 거리에 따라 밝기는 얼마든지 다르게 보일 수 있는 것이에요. 자동차 불빛을 생각해 보세요. 자동차가 멀리서 가까이 다가올 때, 불빛이 점점 더 밝게 느껴지죠? 이것은 같은 불빛이라도 멀리 있을수록 어둡게 보이고, 가까이 있으면 밝게 보이기 때문이에요.

그렇다면 거리에 따라 별의 밝기는 얼마만큼 차이가 날까요? 아래 그림을 보면 별에서 나온 빛은 사방으로 퍼지면서 더 넓은 영역을 비춰요. 그래서 같은 양의 빛에너지는 거리가 멀어질수록 더 넓게 퍼져요. 그럼 면적이 커질수록 빛에너지는 분산되겠죠? 그래서 같은 면적에 도달하는 빛에너지의 양은 거리가 멀어질수록 줄어들게 되는 것이에요.

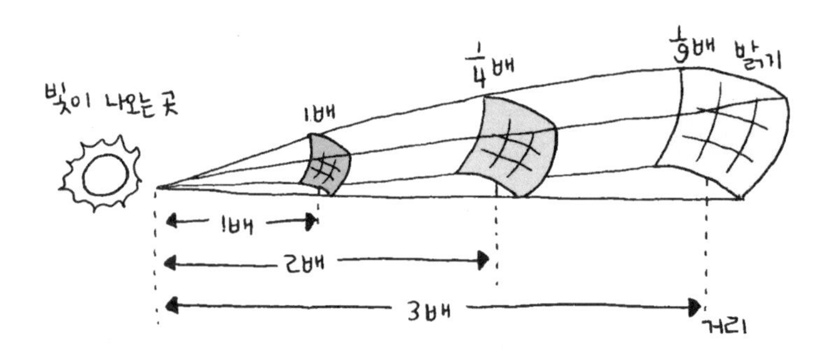

즉, 지구에서 별까지의 거리가 멀수록 별은 어두워져요. 별빛이 나오는 곳으로부터 거리(r)가 2배, 3배 멀어지면 그 별빛을 받는 면적은 4배, 9배로 늘어나고, 같은 넓이에서 받는 빛의 양은 $\frac{1}{4}$배, $\frac{1}{9}$배로 줄어들게 돼요. 따라서 별의 밝기는 거리의 제곱에 반비례해요.

별의 절대 등급

눈에 보이는 별의 밝기는 지구로부터의 거리에 따라 달라져요. 그래서 별의 실제 밝기를 비교하려면 별이 모두 같은 거리에 놓여 있다고 가정한 후에 별이 실제로 방출하는 에너지양으로 비교해야 해요. 이처럼 모든 별이 10 pc의 거리에 있다고 가정하여 별의 밝기를 정한 등급을 **절대 등급**이라고 해요.

아래 그림에서 지구와 가까운 거리에 있는 태양의 겉보기 등급은 −26.8로 매우 밝게 보이는 별이에요. 그러나 태양이 지구로부터 10 pc의 거리에 있다고 가정하여 구한 절대 등급은 4.8등급으로 실제 태양의 밝기는 비교적 어두운 별에 속해요. 반면에 지구에서 멀리 떨어져 있는 북극성은 우리 눈에는 태양보다 어둡게 보여서 겉보기 등급이 2.1이지만, 절대 등급은 −3.7등급으로 실제로는 태양보다 밝은 별이에요.

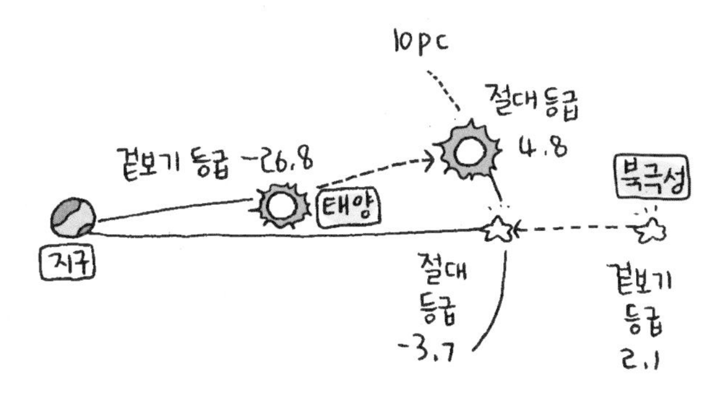

결국, 태양처럼 지구로부터의 거리가 10 pc보다 가까이 있는 별은 겉보기 등급이 절대 등급보다 작고, 북극성처럼 지구로부터 10 pc보다 멀리 있는 별은 겉보기 등급이 절대 등급보다 커요.

그렇다면 10 pc의 거리에 있는 별의 겉보기 등급과 절대 등급은 어떨까요? 절대 등급의 기준이 되는 10 pc의 거리에 있으므로 이 별의 겉보기 등급과 절대 등급은 같아요.

별의 색깔과 표면 온도

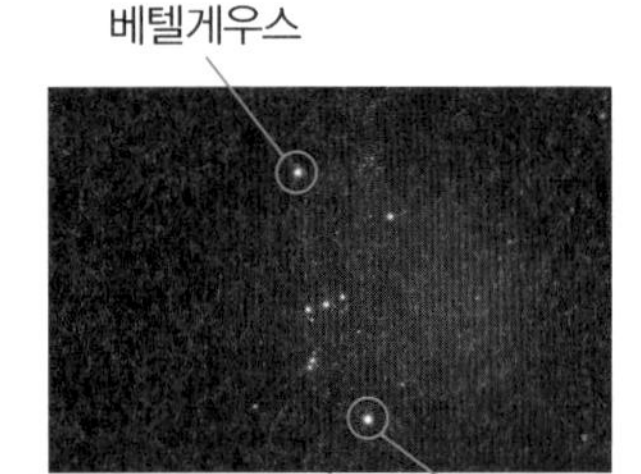

겨울밤 하늘에서 볼 수 있는 오리온 별자리를 아세요? 이 오리온자리의 별들 중에는 붉은색의 베텔게우스와 파란색의 리겔이라는 별이 있어요. 두 별의 색이 다른 이유는 무엇일까요?

이것은 별마다 표면 온도가 다르기 때문이에요. 제철소의 뜨거운 용광로에서 막 나온 쇳물은 흰색을 띠지만, 쇳물이 식어갈수록 노란색, 붉은색, 검붉은색으로 점점 색이 변해요. 이것은 물체의 색깔이 온도에 따라 달라지기 때문이에요.

별의 색깔이 다양한 이유도 별마다의 표면 온도가 다르기 때문이에요. 별은 표면 온도가 높을수록 푸른색 빛을 많이 방출하여 푸른색으로 보여요. 반대로 별의 표면 온도가 낮을수록 붉은색 빛을 많이 방출하기 때문에 별은 붉은색을 띠어요. 따라서 관측을 통해 별의 색깔을 알아내면 직접 그 별의 온도를 재지 않아도 별의 표면 온도를 예측할 수 있어요.

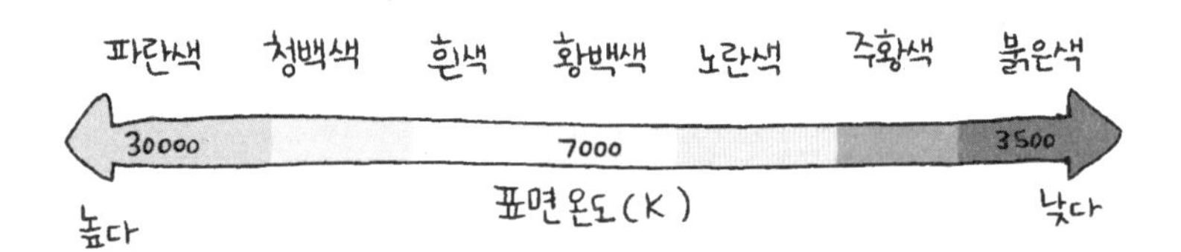

개념체크

1 겉보기 등급이 2등급인 별은 겉보기 등급이 7등급이 별에 비해서 몇 배 밝게 보이는가?

2 별의 겉보기 등급이 1등급, 절대 등급이 1등급인 별까지의 거리는 몇 pc인가?

답 1. 100배 2. 10 pc

24 우리 은하

우리는 대가족~ 함께 모여 살아요!

밤하늘을 가로지르는 은하수를 본 적이 있나요? 은하수는 여름철에 날씨가 맑은 날 밤, 주위가 어두운 곳에서 관찰할 수 있어요. 서양에서는 은하수의 모습이 우유가 뿌려진 길과 같다고 해서 '밀키 웨이(milky way)'라고도 불러요. 이러한 은하수는 무엇으로 이루어져 있을까요?

성단

최초로 망원경을 사용하여 은하수를 관측한 사람은 갈릴레이에요. 그는 은하수에는 수많은 별이 무리를 지어 모여 있으며, 유독 별이 많이 분포한 곳도 있다는 것을 알아냈어요. 이렇게 은하수에서 많은 별이 모여 집단을 이루는 것을 **성단**이라고 해요. 성단을 이루는 별들은 한 곳에서 비슷한 시기에 태어났기 때문에 성질이 거의 비슷해요.

성단은 별이 모여 있는 모양에 따라 산개 성단과 구상 성단으로 구분해요. 산개 성단은 수십~수만 개의 별들이 비교적 듬성듬성하게 모여 있고, 주로 젊고 온도가 높은 파란색을 띠는 별들이 많아요. 구상 성단은 수만~수십만 개의 별들이 빽빽하게 공 모양으로 모여 있고, 주로 늙고 온도가 낮은 붉은색을 띠는 별들이 많이 있어요.

▲ 산개 성단

▲ 구상 성단

성운

별과 별 사이에는 가스나 먼지, 티끌 등이 많이 퍼져 있는데, 이를 **성간 물질**이라고 해요. 또, 성간 물질이 많이 모여 구름처럼 보이는 것을 **성운**이라고 해요. 성운은 밝은색을 띠는 방출 성운, 반사 성운과 어두운 색의 암흑 성운이 있어요.

방출 성운은 주변의 별빛을 흡수하여 가열되면서 스스로 빛을 내는 성운으로, 성운 안에서 고온의 별이 뿜어내는 강한 빛이 성간 물질을 가열하여 밝게 보이는 것이에요.

반사 성운은 주변의 별빛을 성간 물질인 가스나 티끌이 반사하여 밝게 보이는 것이에요.

암흑 성운은 성간 물질이 뒤쪽에서 오는 별빛을 차단하여 어둡게 보이는 성운이에요. 별빛이 성운을 통과하지 못하고 반사되어 빛이 차단된 부분이 검은색으로 보여서 암흑 성운이라고 해요.

우리 은하

우주에는 별과 함께 성단, 성운, 성간 물질로 이루어진 거대한 천체가 존재해요. 이를 은하라고 하지요. 이 은하들 중에서도 우리 태양계가 속해 있는 은하를 **우리 은하**라고 해요. 우리 은하에는 약 2천억 개의 별들이 존재해요.

우리 은하를 위에서 보면 중심부에는 별들이 막대 모양을 이루며 모

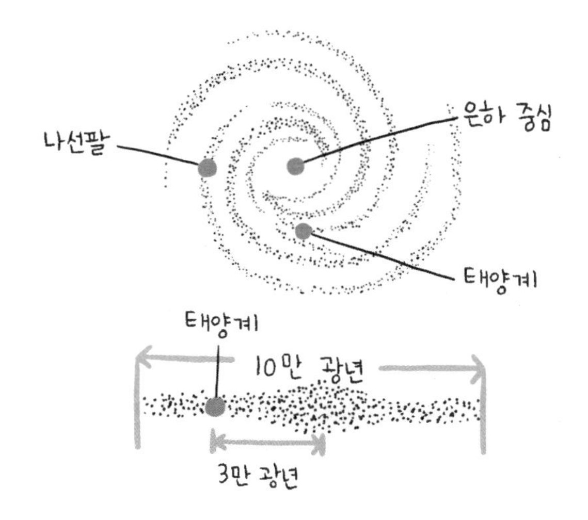

여 있고, 양쪽으로는 소용돌이 모양의 나선팔 여러 개가 있어요. 우리 은하를 옆에서 보면 납작한 원반 모양인 것을 알 수 있어요. 우리 은하의 지름은 약 10만 광년이에요. 우리 지구가 있는 태양계는 우리 은하의 중심에서 약 3만 광년 떨어진 나선팔에 위치하고 있어요. 이처럼 태양계가 우리 은하의 중심으로부터 떨어져 있기 때문에 지구에서 우리 은하를 보면 가로로 긴 띠 모양의 은하수로 관찰되는 것이에요.

과학 선생님 @Earth science

Q. 성단들은 우리 은하의 어디에 자리 잡고 있나요?

구상 성단은 우리 은하의 중심부와 주변 공간에 주로 분포하고 있어요. 산개 성단은 주로 나선팔에 분포하고 있지요.

#산개성단은 #나선팔에_있으니 #아직_젊은이로서 #파릇파릇한 #별들이지

개념체크

1 성간 물질이 뒤쪽에서 오는 별빛을 차단하여 어둡게 보이는 성운은?

2 태양계는 우리 은하 중심에서 몇 광년 떨어진 곳에 위치하는가?

답 1. 암흑 성운 2. 3만 광년

25 우주 팽창

우주가 식빵처럼 부풀고 있어!

1924년 미국의 천문학자 허블은 우리 은하에 속한 것으로 알려졌던 성운들이 알고 보니 성운이 아니라 우리 은하 밖에 있는 또 다른 은하라는 것을 밝혀냈어요. 그렇게 큰 은하가 또 있다니, 우주는 도대체 얼마나 큰 것일까요?

외부 은하

허블이 찾아낸 은하들처럼 우리 은하 밖에 분포하는 은하를 **외부 은하**라고 해요. 허블 이후 관측 기술과 과학적 분석 방법이 더욱 발달하면서 수많은 외부 은하를 발견했어요. 외부 은하도 우리 은하와 마찬가지로 수많은 별들이 모여 있는 천체라는 것이 밝혀지면서 그 모양도 매우 다양하다는 것을 알게 되었어요.

외부 은하는 모양에 따라 타원 은하, 나선 은하, 불규칙 은하로 분류해요. 나선 은하는 다시 정상 나선 은하와 막대 나선 은하로 분류할 수 있어요. 우리 은하는 이중에서 막대 나선 은하에 속해요. **타원 은하는 나선팔이 없는 공 모양 또는 타원 모양의 은하**예요. 성간 물질이 거의 없으며, 대체로 붉은색을 띠어요.

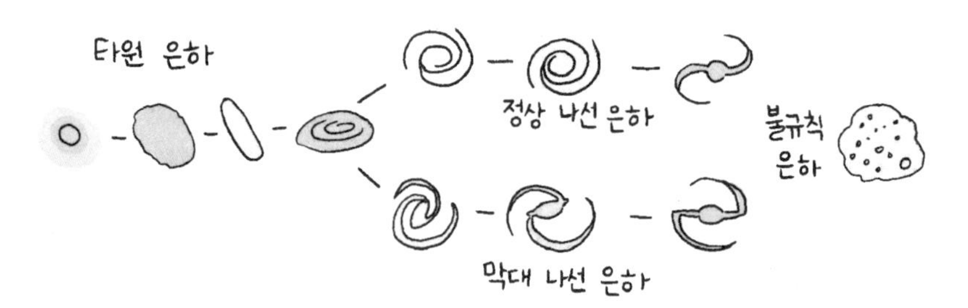

나선 은하는 외부 은하 중에서도 가장 흔해서 우주 은하의 약 77 %를 차지해요. 특히 나선 은하의 나선팔은 푸른색으로 보이는데, 이는 나선팔에 고온의 젊은 별로 이루어진 산개 성단이 많기 때문이에요. 나선 은하 중에서 정상 나선 은하는 중심에 밝은 은하핵이 있고, 중심으로부터 나선팔이 휘어져 나온 은하예요.

반면에 막대 나선 은하는 은하의 중심에 막대 모양 구조가 있고, 막대 끝에서 나선팔이 휘어져 나온 은하예요.

불규칙 은하는 형태가 비대칭적이거나 규칙적인 모양이 없는 은하로 성간 기체와 젊은 별을 많이 포함하고 있어요.

도플러 효과와 적색 편이

미국의 천문학자 허블은 외부 은하들로부터 오는 빛을 연구했어요. 그 결과 외부 은하로부터 오는 빛이 시간이 지나면 붉은색 쪽으로 치우치는 것을 발견했어요. 왜 이런 현상이 나타나는 것일까요?

응급차 사이렌 소리를 들어 본 적이 있지요? 응급차가 가까워질수록 사이렌 소리는 크게 들리고, 응급차가 멀어져 갈수록 소리는 낮게 들려요.

▲ 소리의 도플러 효과

이것은 응급차가 가까워질 때는 사이렌 소리의 파장이 짧아지면서 높은 소리가 나고, 멀어질 때는 응급차의 사이렌 소리의 파장이 길어지면서 낮은 소리가 나기 때문이에요. 이처럼 관측자와 파원의 상대적인 운동에 따라 파장이 달라지는 현상을 **도플러 효과**라고 해요.

도플러 효과는 빛에도 적용되는데, 물체가 멀어져 갈수록 물체가 내는 빛은 파장이 길어지면서 붉은색 쪽으로 치우치게 돼요. 이런 현상을 **적색 편이**라고 해요. 실제로 외부 은하로부터 오는 빛은 시간이 지나면서 붉은색 쪽으로 치우치는 적색 편이 현상이 나타난답니다.

우주 팽창

멀리 있는 외부 은하의 스펙트럼에서 적색 편이가 나타나는 이유는 무엇일까요? 그것은 외부 은하들이 우리 은하로부터 점점 멀어지면서 파장이 길어지기 때문이에요.

외부 은하들끼리 멀어진다면, 우리 은하를 비롯하여 외부 은하 전체를 차지하는 거대한 공간인 우주의 크기도 점점 커지겠죠?

실제로 우주에는 약 천억 개 정도의 은하들이 분포하고 있어요. 앞으로도 이 수많은 은하들의 사이가 서로 점점 멀어질 것이라면 우주의 크기도 더욱 더 팽창하겠지요? 이처럼 우주가 팽창하고 있다는 사실을 바탕으로 대폭발설이 등장하였어요.

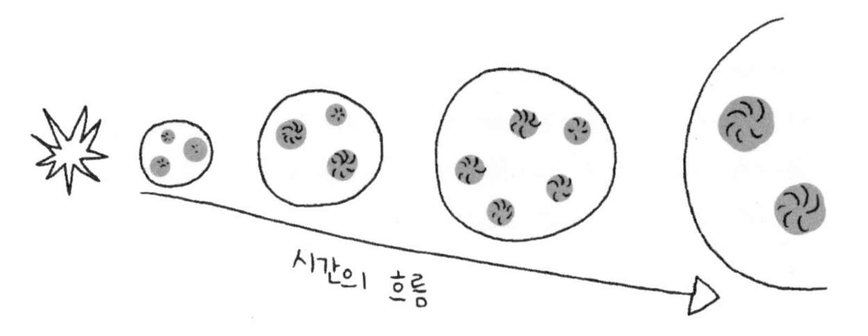

<우주 팽창 - 대폭발이 일어난 후 우주는 계속 팽창하고 있다>

외부 은하의
스펙트럼에서 적색
편이가 나타났대.

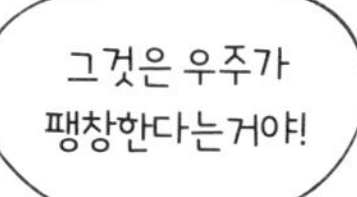

현재 우주가 점점 팽창하다가 지금의 크기가 된 것이라면, 우주가 처음 태어난 때에는 현재 우주를 이루는 모든 물질이 응축된 밀도가 높은 뜨거운 불덩어리였을 것이라고 예측하고 있어요. 즉, 우주는 매우 뜨겁고 밀도가 큰 한 점에 대폭발로 인해 점차 팽창하여 현재와 같은 모습으로 되었다는 가설이에요. 이를 **빅뱅(대폭발) 이론**이라고 해요.

우주의 끝이나 크기에 대해서는 아직 정확하게 알려지지 않았지만, 현재 관측되는 가장 멀리 떨어진 천체까지의 거리를 통해서 우주의 크기를 약 137억 광년 정도로 추정하고 있어요. 이러한 빅뱅 이론에 따르면 대폭발은 약 138억 년 전에 일어났으며, 대폭발 이후 우주가 점점 식으면서 별과 은하가 만들어졌고 현재와 같은 분포를 보이게 되었다고 해요.

개념체크

1 은하의 중심에 막대 모양 구조가 있고, 막대 끝에서 나선팔이 휘어져 나온 은하는 무엇인가?

2 외부 은하는 우리 은하로부터 멀어지고 있음을 외부 은하의 스펙트럼에서 나타나는 어떤 현상을 통해 알 수 있는가?

답 **1. 막대 나선 은하 2. 적색 편이**

탐구 STAGRAM

풍선을 이용한 우주 팽창 실험

Science Teacher

① 풍선에 바람을 조금 불어 넣은 다음, 별 모양의 스티커를 적당한 간격으로 붙인다.

② 풍선을 불어 풍선의 크기와 스티커 사이의 간격을 관찰한다.

외부은하 # 우주팽창 # 풍선

실험에서 스티커와 풍선은 실제 자연에서 무엇에 비유할 수 있나요?

스티커는 은하, 풍선은 우주에 비유할 수 있어요.

그럼 풍선을 불어 변하는 스티커들 사이의 거리를 통하여 무엇을 알 수 있나요?

풍선을 크게 불수록 스티커들 사이의 거리가 점점 멀어져요. 이렇게 부풀어 오르는 풍선처럼 우주도 팽창하고 있음을 유추할 수 있답니다.

새로운 댓글을 작성해 주세요. 등록

이것만은!

- 풍선 위 스티커들 사이의 거리가 멀어지는 것을 통해 외부 은하들도 서로 멀어지고 우주도 팽창함을 알 수 있다.
- 풍선이 부풀어 오를 때 팽창의 중심 없이 전체적으로 부풀어 오르는 것처럼, 우주도 특별한 중심 없이 모든 방향으로 균일하게 팽창한다.

생명과학 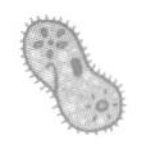

ABO식 혈액형 세 가지의 대립 유전자인 A, B, O의 결합에 따라 혈액형을 결정

가계도 조사 특정한 형질을 가지고 있는 가족을 조사해 그 형질이 어떻게 유전되는지를 알아보는 방법

간뇌 우리 몸의 상태를 일정하게 유지해 주는, 즉 항상성을 조절하는 중추 신경계

감각 뉴런 눈, 코, 귀 등의 감각 기관에서 받은 자극을 뇌로 전달하는 뉴런

감수 분열 생식 세포가 형성되는 분열로, 염색체 수가 반으로 감소하는 분열

갑상샘 세포 호흡을 증가시켜 몸의 체온이 올라가도록 하는 호르몬인 티록신이 분비되는 장소

광합성 식물이 빛을 이용해서 유기 양분과 산소를 만들어 내는 것

균계 핵이 있는 세포로 이루어진 생물 중에서 버섯이나 곰팡이 등과 같이 운동성이 없고, 스스로 양분을 만들 수 없는 생물의 무리

글루카곤 체내의 낮아진 혈당량을 높이기 위해 이자에서 분비되는 호르몬

기관 우리 몸속 여러 세포 조직이 모여서 특정한 일을 하는 구성 단계

내분비샘 호르몬이 만들어져서 분비되는 곳

네프론 오줌을 만드는 기본 단위(사구체+보먼 주머니+세뇨관)

뇌하수체 뇌 안쪽에 위치하여 생장 호르몬과 항이뇨 호르몬을 분비하는 곳

뉴런 신경 세포체와 이를 중심으로 퍼져 있는 가지 돌기와 뒤쪽으로 길게 뻗은 축삭 돌기로 구성된 신경 세포

다세포 생물 여러 개의 세포로 이루어진 생물

단백질 에너지원으로도 이용되며, 우리 몸을 구성하는 영양소

단세포 생물 단 한 개의 세포로만 이루어진 생물

대뇌 뇌에서 가장 넓은 분포를 차지하고 있으며, 기억, 추리, 판단, 분석 등의 고등 정신 활동을 담당

대립 형질 하나의 형질에 대해서 뚜렷이 구별되어 대립되는 형질

독립 법칙 두 쌍 이상의 대립 형질이 동시에 유전될 때 각각의 형질은 서로 영향을 주지 않으며, 우성과 열성, 분리 법칙에 따라 독립적으로 유전하는 현상

동물계 운동성이 있으며, 몸이 여러 개의 세포로 이루어져 있고, 다른 생물을 먹어 양분을 얻는 생물의 무리

말초 신경계 몸의 각 부분에 그물처럼 퍼져 있는 감각 신경과 운동 신경의 모임

무의식적인 반응 미처 의식하기 전에 일어나는 반응

무조건 반사 자극이 대뇌에 도달하기 전에 척수의 명령으로 운동 기관이 바로 반응하는 반사

미각 액체 물질의 자극을 맛봉오리의 맛세포가 받아들임

반고리관 귀의 가장 안쪽에 위치하여 서로 다른 방향의 회전 자극을 받아들이는 감각 세포가 분포

반성 유전 형질을 결정하는 유전자가 성염색체에 있을 경우 남녀에 따라 유전 형질이 나타나는 빈도에 차이가 생기는 유전 현상

배설 우리 몸속의 세포가 산소를 이용해 영양소를 분해하여 에너지를 만드는 과정에서 생긴 노폐물을 몸 밖으로 내보내는 과정

변이 생물의 생김새나 특성의 차이

분리 법칙 생식 세포를 만드는 과정에서 한 쌍의 대립 유전자가 분리되어 서로 다른 생식 세포로 들어가는 현상

분비 여과액이 세뇨관을 흐르는 동안 혈액에 남아 있던 노폐물이 모세 혈관에서 세뇨관 쪽으로 이동하는 현상

상염색체 사람의 체세포 23쌍 중에서 남녀가 공통으로 가지는 22쌍의 염색체

생물 다양성 어떤 지역에 살고 있는 생물이 얼마나 다양한지의 정도

생물 분류 생물의 여러 가지 특징을 기준으로 공통점과 차이점에 따라 생물을 무리 지어 나누는 것

생식샘 여자 몸의 난소, 남자 몸의 정소를 뜻하며, 성호르몬을 분비하는 곳

성염색체 사람의 체세포 23쌍 중에서 남녀의 성별을 결정하는 1쌍의 염색체

세포 분열 세포가 생장한 후 어느 시기가 되면 2개의 세포로 분열하면서 그 수가 늘어나게 되는 것

소뇌 몸의 자세와 균형을 유지하는 중추

소화 음식물 속의 영양소가 세포로 흡수되기 위해 작게 분해되는 과정

소화계 우리 몸에서 소화 기능을 담당하는 기관계

순종 여러 세대에 걸쳐서 자가 수분을 하여 항상 같은 형질만 나타나는 개체

순환계 우리 몸속에서 물질을 운반하는 기능을 담당하는 기관계

식물계 광합성을 할 수 있어서 양분을 스스로 만드는 생물의 무리

식물의 호흡 식물이 광합성으로 만들어진 포도당과 산소를 사용하여 생명 활동에 필요한 에너지를 만드는 과정

신경계 자극을 전달하고, 자극을 판단하여 적절한 반응이 나타나도록 신호를 보내는 체계

쌍둥이 조사 쌍둥이의 형질을 이용하여 사람의 유전을 연구하는 방법

여과 혈액 속에 있던 크기가 작은 물질이 사구체의 보먼 주머니 쪽으로 이동하는 현상

연수 생명 유지에 필수인 호흡, 심장 박동, 소화를 조절하는 중추

연합 뉴런 감각 뉴런과 운동 뉴런을 연결하면서 자극을 해석하고 판단한 후, 명령을 내리는 역할

열성 잡종 1대에서 나타나지 않는 형질

염색 분체 두 개로 분리된 염색체 각각의 가닥

염색체 유전 정보를 담아 전달하는 역할을 하는 막대나 끈 모양의 구조물

엽록체 광합성이 일어나는 장소

영양소 음식물 속에 포함되어 우리 몸을 구성하고, 우리가 움직이고 생장하는 데 필요한 에너지를 만드는 물질

우성 순종의 대립 형질을 가진 어버이를 타가 수분시켜 잡종 1대에서 나타나는 형질

운동 뉴런 뇌의 명령을 운동 기관에 전달하는 역할

원생생물계 세포 안에 핵막으로 둘러싸인 뚜렷한 핵이 있고, 동물계, 식물계, 균계 중 어디에도 속하지 않는 생물 무리

원핵생물계 세포 안에 핵막이 없어서 핵이 뚜렷하게 구분되지 않는 생물 무리

원핵세포 핵막이 없어서 핵과 세포질이 뚜렷하게 구분되지 않고, 핵을 이루는 물질이 세포질 속에 퍼져 있는 세포

유전 생물의 고유한 형질이 자손에게도 계속해서 전달되어 나타나는 현상

유전자 생물의 고유한 형질을 나타내는 유전 정보의 기본 단위

유전자형 표현형을 결정하는 유전자를 기호로 표시한 것

의식적인 반응 어떤 상황에서 사람이 의식적으로 생각을 해서 판단하고 행동하게 되는 반응

이자 몸의 혈당량을 조절하는 인슐린과 글루카곤이라는 호르몬이 분비되는 곳

인슐린 체내의 높아진 혈당량을 낮추기 위해 이자에서 분비되는 호르몬

잡종 다른 품종끼리 교배하여 다양한 형질이 나타나는 개체

재흡수 여과액 속에 있던 포도당, 아미노산과 같이 몸에 필요한 물질이 세뇨관에서 모세 혈관으로 다시 흡수되는 현상

적록 색맹 붉은색과 초록색을 잘 구별하지 못하는 유전 형질로, 여자보다 남자에게 더 많이 나타나는 유전병

전정 기관 기울기 자극을 받아들이는 감각 세포가 분포하고 있어 우리 몸의 수직, 수평 방향의 움직임과 회전 운동을 감지

조건 반사 경험으로 학습되어 빠르게 반응하는 반사

종 생물의 특징을 여러 단계로 나누어 생물을 분류할 때, 가장 작은 분류 단계

중간뇌 눈동자를 굴리거나 동공의 크기를 조절하거나 하는 눈의 조절 작용을 담당

중추 신경계 연합 신경들의 모임으로, 자극을 판단하여 적절한 명령을 내리는 중추적인 역할을 하는 신경계

증산 작용 식물체 속의 물이 수증기로 변해서 공기 중으로 빠져나가는 현상

지방 우리 몸의 피부를 구성하고 에너지원으로도 사용하는 영양소

진핵세포 세포 안에 핵이 있고, 이 핵이 핵막으로 감싸져 있어서 핵 주변의 세포질과 구분이 되는 세포

청각 소리의 자극을 달팽이관의 청각 세포가 받아들임

체세포 분열 한 개의 체세포가 두 개의 체세포로 나누어지는 현상

탄수화물 주 에너지원으로 사용하는 영양소

티록신 갑상샘에서 분비되어 세포 호흡을 촉진하는 호르몬

표현형 겉으로 드러나는 생물의 형질

피부 감각 여러 가지 자극을 촉점, 압점, 통점, 온점, 냉점 등의 감각점에서 받아들임

항상성 외부 환경이 변하더라도 몸속의 환경을 일정하게 유지하는 성질

호르몬 우리 몸에서 만들어져서 분비되는 화학 물질로, 우리 몸에서 일어나는 여러 가지 생리 작용을 조절

호흡 산소가 영양소를 산화시켜 우리 몸속의 세포에 필요한 에너지를 만들어 내는 것

호흡계 호흡과 관련된 몸속 기관계

홍채 눈에 들어오는 빛의 양을 조절하는 기관

후각 기체 물질의 자극을 후각 상피의 후각 세포가 받아들임

지구과학

간조 썰물로 인해 해수면이 가장 낮아진 때

강수 구름 입자들이 모여 생긴 빗방울들이 지표로 떨어지는 현상

개기 일식 달에 의해 태양이 완전히 가려지는 현상

겉보기 등급 우리 눈에 보이는 별의 밝기를 기준으로 정한 등급

겉보기 색 광물을 보았을 때 나타나는 광물의 겉보기 색

고기압 주변보다 공기가 많이 모여 있어서 기압이 높은 곳

광구 우리 눈에 보이는 밝고 둥근 태양의 표면

구름 지표면 위로 상승한 공기 덩어리가 물방울과 얼음 알갱이로 변해 하늘에 떠 있는 것

금성 크기와 질량이 지구와 가장 비슷하고, 대기가 온실 기체인 이산화 탄소로 두껍게 이루어진 행성

기압 공기가 충돌하면서 단위 면적에 작용하는 힘

난류 저위도에서 고위도로 흐르는 따뜻한 해류

내핵 무거운 철과 니켈 등이 고체 상태로 존재하는 구간

내행성 태양계의 8개 행성에서 지구의 공전 궤도보다 안쪽에서 태양 주위를 공전하는 행성들(수성, 금성)

단열 팽창 외부와 열을 주고받지 않고, 공기의 부피가 팽창하면서 온도가 내려가는 현상

달의 위상 태양빛이 반사되는 부분에 따라서 달라져 보이는 달의 모양

대류권 지표면으로부터 높이 약 11 km까지의 구간으로, 위로 올라갈수록 기온이 낮아져 대류 현상과 기상 현상이 나타남

대륙 이동설 과거에는 하나의 거대한 대륙이었지만, 분리되고 이동하여 오늘날과 같이 여러 대륙으로 갈라진 모습이 되었다는 학설

도플러 효과 관측자와 파원의 상대적인 운동에 따라 파장이 달라지는 현상

만조 밀물로 인해 해수면이 가장 높아진 때

맨틀 대류설 맨틀의 하부에서 뜨거워진 맨틀이 위로 상승하게 되면서 맨틀의 대류가 발생하고, 이러한 맨틀의 움직임 때문에 대륙이 움직이게 된 것이라는 학설

맨틀 지권의 층상 구조에서 지각의 바로 아래에 있고 지구 전체 부피의 약 80 %를 차지하는 구간

목성 태양계에서 가장 크며, 줄무늬가 뚜렷하고, 붉은색의 거대한 점(대적반)을 가진 행성

목성형 행성 목성과 같이 질량과 반지름이 크고, 밀도가 작은 행성(목성, 토성, 천왕성, 해왕성)

밀물 바닷물이 육지 쪽으로 밀려 들어오는 현상

바람 공기가 고기압에서 저기압으로 수평하게 이동하는 흐름

발산형 경계 판의 경계를 중심으로 두 판이 서로 반대 방향으로 움직이면서 두 판의 경계가 벌어지는 경계면

변성암 지구 내부의 높은 열과 압력으로 원래 암석의 성질이 변해 만들어진 암석

별의 일주 운동 별이 하루에 한 바퀴씩 원을 그리며 도는 듯한 겉보기 운동

병합설 구름 속에 있는 크고 작은 물방울들이 뭉쳐 빗방울이 되어 지표로 떨어진다는 강수 이론

보존형 경계 판의 경계에서 두 판이 서로 스치듯이 반대 반향으로 이동하면서 판은 그대로 보존되는 경계면

복사 에너지 복사에 의해서 전달되는 에너지

복사 평형 물체가 흡수하는 복사 에너지의 양과 물체가 방출하는 복사 에너지의 양이 같아지면, 물체의 온도가 더 이상 올라가지 않고 일정한 상태를 유지하는 현상

부분 일식 달에 의해 태양의 일부가 가려지는 현상

빙정설 수증기가 빙정에 달라붙어 그 크기가 커진 빙정이 떨어지면서 주위의 온도로 인해 녹아 비가 된다는 강수 이론

사암 모래가 주로 퇴적되어 만들어진 퇴적암

상대 습도 현재 공기에 포함될 수 있는 최대 수증기량에 대해 실제로 들어 있는 수증기량의 비율

석회암 물에 녹아 있던 석회질 물질이나 조개 껍데기, 산호와 같은 생물의 유해가 굳어진 퇴적암

성간 물질 별과 별 사이에 있는 가스나 먼지, 티끌 등의 물질

성운 성간 물질이 많이 모여 구름처럼 보이는 것

성층권 높이 약 11~50 km까지의 구간으로, 위로 올라갈수록 기온이 높아지며, 오존층이 분포함

셰일 진흙이 쌓여서 굳어진 퇴적암

수렴형 경계 판의 경계 쪽으로 두 판이 충돌하여 부딪히거나 한쪽이 다른 한쪽으로 끌려 들어가는 경계면

수성 태양계의 행성 중에서 태양과 가장 가까이 있으면서, 크기가 가장 작은 행성

수온 약층 혼합층 아래에 있는 층으로 깊이가 깊어질수록 수온이 급격하게 낮아지는 층

심성암 지하 깊은 곳에서 마그마가 아주 느리게 식어서 굳어진 화성암

심해층 일 년 내내 수온이 거의 일정한 상태로 매우 차갑게 유지되는 층

썰물 바닷물이 바다 쪽으로 빠져나가는 현상

역암 굵은 자갈이 주로 퇴적되어 만들어진 암석

연주 시차 지구 공전 궤도상에서 6개월 간격으로 측정한 시차의 절반 값

열권 태양 에너지의 영향으로 위로 올라갈수록 기온이 높아지는 약 80~1000 km까지의 구간

염류 바닷물에 녹아 있는 여러 가지 물질

염분 바닷물 1000 g 속에 녹아 있는 염류의 총량을 g 수로 나타낸 것

염분비 일정 법칙 전체 염류에 대해서 각 염류가 차지하는 비율은 어느 바다나 일정하다는 법칙

엽리 변성암에서만 나타나며, 높은 열과 압력을 받아 생기는 줄무늬

외부 은하 우리 은하 밖에 분포하는 은하

외핵 무거운 철과 니켈 등이 액체 상태로 존재하는 구간

외행성 지구의 공전 궤도보다 바깥쪽에서 태양 주위를 공전하는 행성들(화성, 목성, 토성, 천왕성, 해왕성)

우리 은하 우주에 존재하는 수많은 은하 중에서 우리 태양계가 속해 있는 은하

월식 지구에서 보았을 때 달이 지구의 그림자 속으로 들어가서 달이 가려지는 현상

육풍 육지에서 바다로 부는 바람

응결 수증기가 물방울이 되는 현상

응회암 화산재가 쌓여서 만들어진 퇴적암

이슬점 응결이 일어날 때의 온도

일식 지구에서 보았을 때 달이 태양을 가리는 현상

저기압 주변보다 공기가 적게 모여 있어서 기압이 낮은 곳

적색 편이 물체가 멀어질수록 물체가 내는 빛은 파장이 길어지면서 붉은색 쪽으로 치우치는 현상

절대 등급 모든 별이 10 pc의 거리에 있다고 가정하여 별의 밝기를 정한 등급

조석 밀물과 썰물로 인해 해수면의 높이가 주기적으로 변하는 현상

조암 광물 지구상의 대부분 암석에 들어 있는 주된 광물로 대표적으로 석영, 장석, 흑운모, 각섬석, 휘석, 감람석이 있음

조차 만조와 간조 때의 해수면의 높이 차

조흔색 광물을 구별할 수 있는 특성으로, 광물 가루의 색

중간권 높이 약 50~80 km까지의 구간으로, 위로 올라갈수록 다시 기온이 낮아짐

지각 단단한 암석으로 이루어진 지구의 가장 바깥층

지구 복사 에너지 지구에서 방출되는 복사 에너지

지구의 공전 지구가 태양을 중심으로 일 년에 한 바퀴씩 서쪽에서 동쪽으로 도는 현상

지구의 자전 지구가 자전축을 중심으로 하루에 한 바퀴씩 서쪽에서 동쪽으로 도는 현상

지구형 행성 지구와 같이 질량과 반지름이 작고 밀도가 큰 행성(수성, 금성, 지구, 화성)

지진 지구 내부에서 일어나는 급격한 변동으로 땅이 갈라지거나 흔들리는 현상

지진대 지진이 자주 발생하는 지역

지진파 지진이 발생할 때, 일어나는 땅의 흔들림이 파동의 형태로 전달되는 것

채층 광구 바로 위에 있는 대기층으로 얇고 붉은색을 띠는 부분

천왕성 자전축이 공전 궤도면과 나란하며, 대기에 있는 메테인으로 인해 청록색으로 보이는 행성

층리 퇴적암에 나타나는 평행한 줄무늬

코로나 채층 위로 넓게 뻗어 있는 진주색의 가장 바깥쪽 대기층

태양 복사 에너지 태양에서 방출되는 복사 에너지

태양 태양계에서 스스로 빛을 내는 유일한 천체

태양의 연주 운동 지구가 태양 주위를 공전함에 따라 위치가 바뀌면서 마치 태양이 움직이는 것처럼 보이는 겉보기 운동

토성 얼음과 암석으로 이루어진 뚜렷하고 아름다운 고리를 가진 행성

토양 암석이 오랫동안 풍화를 받아서 잘게 부서져서 생긴 흙

퇴적암 퇴적물이 쌓여서 오랫동안 다져지고 굳어져 만들어진 암석

판 구조론 지구의 겉부분이 여러 개의 판으로 이루어져 있고, 각각의 판이 맨틀의 대류에 따라 움직이면서 화산 활동이나 지진 등을 일으킨다는 학설

포화 상태 일정한 양의 공기가 수증기를 최대한 포함할 수 있는 상태

포화 수증기량 포화 상태의 공기 1 kg 속에 들어 있는 수증기량을 g으로 나타낸 것

표층 해류 바람에 의해 바다 표면에 생기는 일정한 바닷물의 흐름

풍화 암석이 오랜 세월 동안 부서지고 분해되면서 작은 돌조각이나 흙으로 변하게 되는 현상

한류 고위도에서 저위도로 흐르는 차가운 해류

해륙풍 해안 지역에서 하루를 주기로 풍향이 바뀌는 바람

해왕성 태양으로부터 가장 멀리 떨어져 있는 행성

해풍 바다에서 육지로 부는 바람

혼합층 바람에 의해 표층의 해수가 혼합되어 수온이 거의 일정한 층

화산 활동 지하에서 생성된 마그마가 지각의 약한 틈을 뚫고 지표로 분출하는 현상

화산대 화산 활동이 자주 일어나는 지역

화산암 마그마가 화산 부근에서 빠르게 굳어진 화성암

화석 퇴적암에서만 발견되며, 과거에 살았던 생물의 유해나 흔적

화성 지름이 지구의 2분의 1 정도이고, 양쪽 극지방에는 물과 이산화 탄소가 얼어서 만들어진 흰색의 극관이 존재하는 행성

화성암 마그마가 식어서 굳어진 암석

흑점 태양의 광구에서 주변보다 온도가 낮아서 검게 보이는 부분

중학과학 개념 레시피 (생명과학·지구과학)

1판 1쇄 펴냄 | 2019년 2월 28일
1판 6쇄 펴냄 | 2022년 6월 20일

지은이 | 이유진
발행인 | 김병준
편 집 | 이호정
기 획 | EBS MEDIA
마케팅 | 정현우
본문 삽화 | 김재희
표지디자인 | 이순연
본문디자인 | 종이비행기
발행처 | 상상아카데미

등록 | 2010. 3. 11. 제313-2010-77호
주소 | 경기도 파주시 회동길 37-42 파주출판도시
전화 | 031-955-1652(편집), 031-955-1321(영업)
팩스 | 031-955-1322
전자우편 | main@sangsangaca.com
홈페이지 | http://sangsangaca.com

ISBN 979-11-85402-22-2 43400